×3層結構

華麗派塔

掌握美味配方，創新三層口感，43款超吸睛美味派塔

粉ふるわナイ!
生地寝かさナイ!
麺棒使わナイ!
3ナイタルト

森 映子——著
黃詩婷——譯

讓你每天吃到美味派塔

午茶點心、宴會上準備華麗派塔，增添生活風味。

森 映子

喜歡聊天的道地關西人。是一位食品設計師，也是有個可愛女兒的媽媽。為了讓家人更享受製作點心，舉辦點心烹飪教室，教大家做「華麗派塔」。

雖然一般認爲派塔是很難做的點心，但本書介紹的方法，就算是初學者，也都能做出顏值高又好吃的派塔！即使派皮鋪得不漂亮，也不影響成品。

大家一起來做看看吧！

女兒

喜歡甜食和流行時尚的高中女生。興趣是音樂，擅長唱歌以及打鼓。和媽媽一樣非常愛聊天，但不會積極動手做甜點。

朋友

女兒的朋友。都非常喜歡吃甜食，最喜歡我做的甜點，經常來我們家玩。

某個假日午後。
悠哉……
這時間差不多該到家了……
瞄
媽！
回來啦。
碰！
我餓了，
做點心給我吃嘛。
咕嚕嚕~
真是的，每天都這樣。你想吃什麼？
嗯~
啊！之前做的那個派！我想吃那個。
那很簡單啊，你要不要自己做做看？

咦～！不行我不會啦！
你看人家超討厭麻煩、還很手殘。
沒有問題的！
呵呵呵……我的派塔不灑粉、不醒麵、不用擀麵棒，也能做出來。
這些都不需要喔～
什麼是三不啊？
這聽起來也未免太遜了吧？
呼～
吵死了！現在流行遜遜的比較可愛啦！

總之大家都能做，非常簡單！
我在做甜點才不需要什麼規矩、科學根據之類的小細節。
只要好吃、大家喜歡就好啦！
說、說的也是……
是在跟誰說話啊？
只要記得基本派塔麵團、基本杏仁奶油、基本卡士達醬的製作方式，就可以有很多種的變化。
真的嗎？
真的、真的。
只要有這個食譜，就可以配合各種需要做適合的派塔了。
舉例來說……

派對
下午茶
快速製作
鹹派
不管是參加派對還是日常生活當中，只要有華麗派塔，就能讓餐點變豐富！
真的耶！
好啦，快去廚房吧。
好～

本書獨創「３不法則」

抱持著「希望能輕鬆做出派塔」的念頭，
而產生了「３不法則」。以下就詳細說明這些食譜！

「3不法則」指的是不篩粉、不醒麵團、不使用擀麵棍這「3不」就能製作派塔。將製作派塔時需要的程序都省略掉，也不需要使用到一般的工具，把食譜調整到讓任何人都能輕鬆製作出派塔。

至今爲止因爲覺得太麻煩而沒挑戰派塔的人，只要有這份食譜就沒問題了。我是自學做甜點的，在錯誤中嘗試、以自己的舌頭確認口味才打造出來這些食譜，完全不管什麼理論。不過吃起來很美味啊，那不就好了嗎？

不篩粉！

本書中使用的低筋麵粉等粉類，不用過篩也可以。因為只要揉一揉、混一混，就會很自然散開了。只要少了這個步驟，就可以少洗一樣東西。

不醒麵團！

我是不擅長等待的關西人，因此大幅縮短通常需花費兩小時的醒麵時間。只要在處理奶油或者水果的時候，把麵團放進冷凍庫就好。使用低溫冷卻，就能讓麵團快速緊縮。

不使用擀麵棍！

不常製作甜點的人，家裡大多沒有擀麵棍。特地去買又很浪費錢，所以這本書當中不使用擀麵棍。也不需要灑防沾黏的麵粉，直接用手推開就好，就算看起來有點歪，也不影響成品！

華麗派塔的原則

要製作華麗派塔，只有４件事情要記得。

如果在超市選購材料時忘記了，就回想一下！

製作華麗派塔的時候，一定要記得的關鍵就是**派皮的砂糖要用細砂糖**。杏仁奶油或卡士達醬裡面用的糖，則是砂糖或上白糖都可以。但是用在派皮當中的砂糖，因爲會影響成品的美味度，因此請務必使用細砂糖。

雖然說是華麗派塔的原則，但其實就只有這樣而已。目標就在於簡單而輕鬆，因此把其他規範都拿掉了。畢竟因爲太麻煩就不想動手做甜點，不是很可惜嗎？

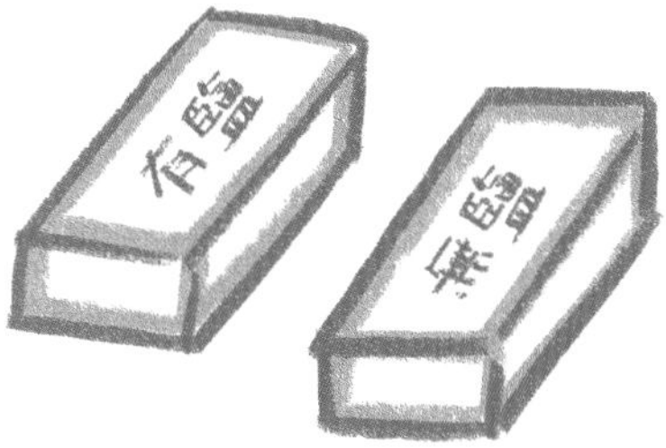

奶油有鹽無鹽 都可以

雖然有些食譜會指定無鹽奶油，但本書並未限制。不管是有鹽或無鹽，家裡有什麼就用什麼吧。

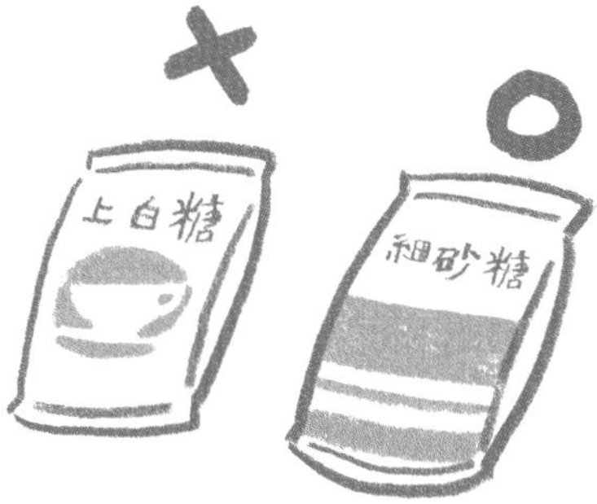

砂糖絕對要用 細砂糖！

用在派塔皮裡的砂糖絕對要用細砂糖。因為會比上白糖容易維持爽脆感。雖然我沒有科學證據！

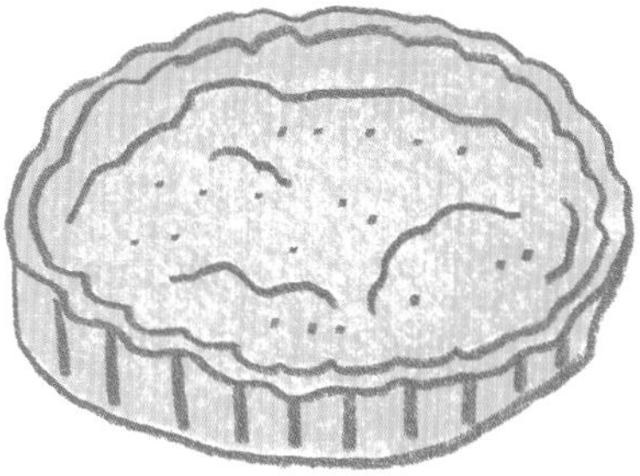

鋪不好派皮也可以

就算派塔底部坑坑疤疤，最後用奶油填起來就好了，只要沒破洞就行啦。比較中規中矩的人可以想辦法鋪得很漂亮，不太在意的人鋪得粗糙些也沒關係。

雞蛋任何大小都可以

雞蛋尺寸隨意。當然也不用在意是什麼顏色的蛋。因為用 S 尺寸的蛋和 L 尺寸的蛋做出來的派塔，我實際吃幾口比較後，感覺沒什麼差別。

製作派皮的工具

以下介紹製作華麗派塔的派塔皮時
使用的工具！

3項重要工具

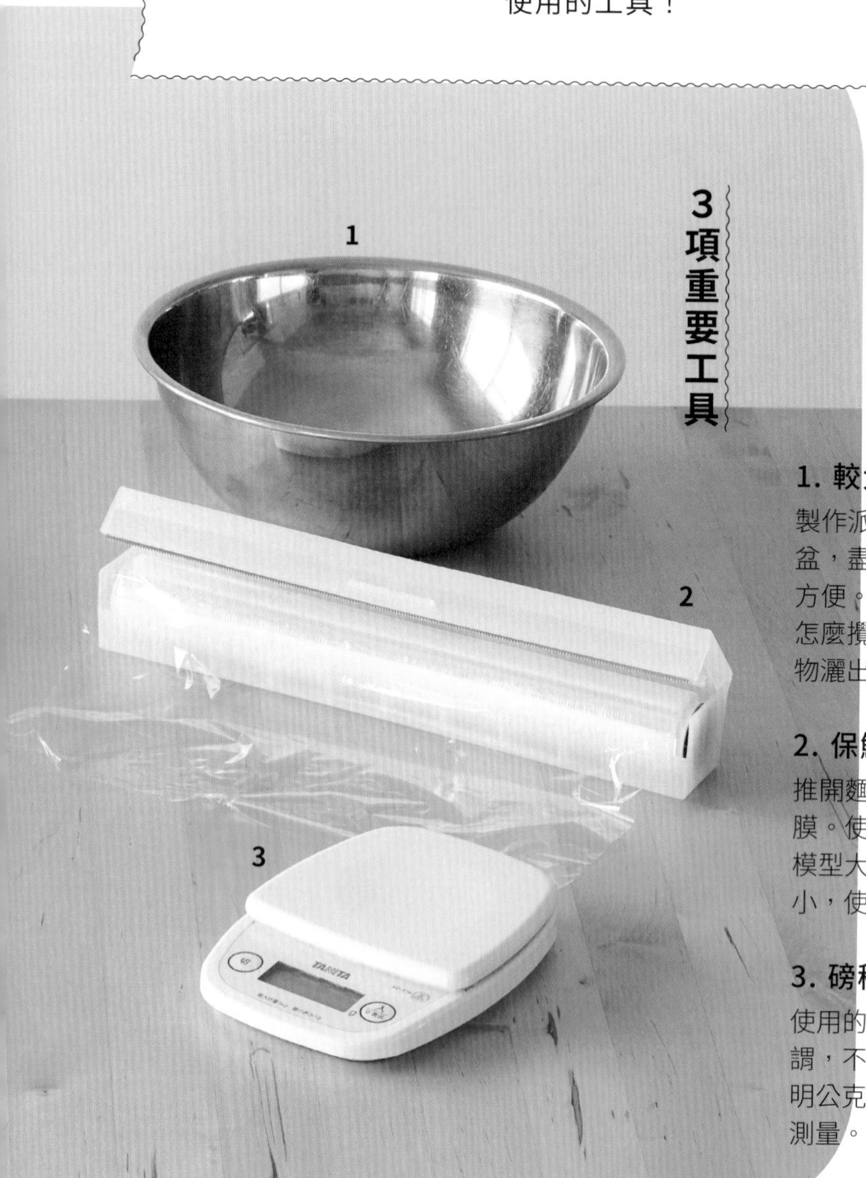

1. 較大的圓盆

製作派塔皮時使用的大圓盆，盡可能大一點會比較方便。請選擇不管在裡面怎麼攪拌，都不會把內容物灑出來的圓盆。

2. 保鮮膜

推開麵團時底下要鋪保鮮膜。使用時可以裁剪為比模型大個兩圈左右的大小，使用起來比較方便。

3. 磅秤

使用的雞蛋大小雖然無所謂，不過食譜中如果有寫明公克數的話，就要好好測量。

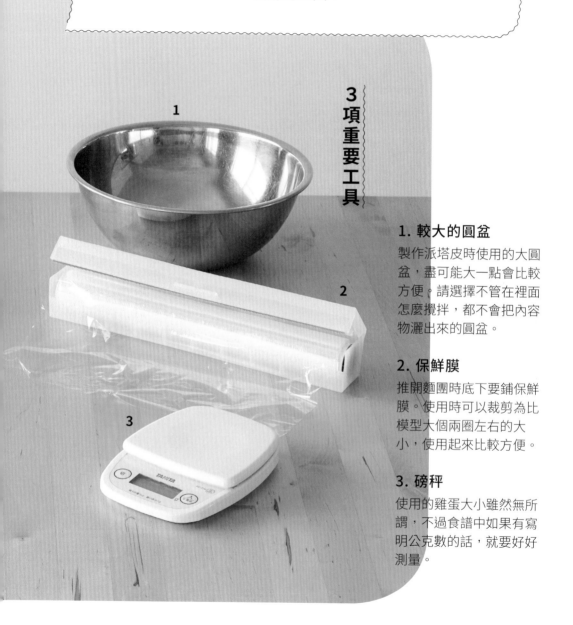

製作華麗派塔要用的麵團時，有3項重要的工具。第一個就是用來揉麵的圓盆。第二個是推開麵團時鋪在桌上的保鮮膜。第三個則是用來秤材料的磅秤。要鋪進模型之前，只需要這三種工具。

基本派塔麵團（第20頁）使用的是能夠取下底面的直徑18cm馬口鐵型模型。除此之外還有圓型或方型的一次性容器。只要能夠放進烤箱當中，用自己喜歡的容器就可以了。也非常建議大家將紙杯保留底部2cm左右，其餘剪除即能用來當成模型。

各種模型

1. 直徑 16cm 的紙模型

將上半段剪掉，做成直徑 16cm、高 4cm 的紙模。可容納一個基本派塔麵團（第 20 頁）的量。

2. 能取下底面的馬口鐵模型

基本的派塔麵團（第 20 頁）使用的是直徑 18cm 馬口鐵型模型。除此之外也有些食譜使用直徑 14cm 的模型。

3. 一次性長方形紙杯

長 10cm、寬 8cm、高 3cm。一個基本派塔麵團（第 20 頁），可裝滿 6 個此款模型。

4. 一次性迷你紙杯

直徑 5cm、高 2cm。一個基本派塔麵團（第 20 頁），可以裝滿 8 杯。

5. 一次性正方型紙杯

長 5.5cm、寬 5.5cm、高 2cm。一個基本派塔麵團（第 20 頁），可以裝滿 8 杯。

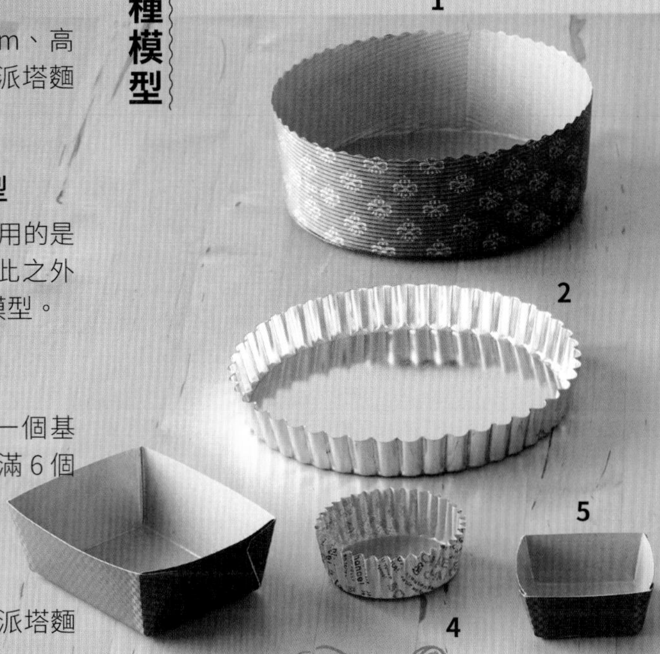
1
2
3
4
5

Contents

Chapeter 3

下午茶款派塔

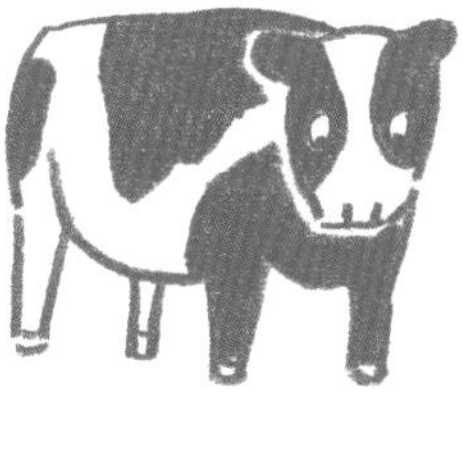

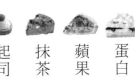

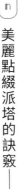

Chapeter 4

俐落款派塔

Chapeter 5

餐點款鹹派塔

後記

派塔拍照擺盤技巧

本書食譜說明

- 基本派塔麵團（第 20 頁）、基本杏仁奶油（第 22 頁）、基本卡士達醬（第 24 頁）都是容易製作的分量。
- 使用的模型尺寸也是大概評估。請使用自己喜歡的模型。
- 計量的單位 1 大匙 =15ml（cc）、1 小匙 =5ml（cc）。
- 烤箱請先預熱至 190°C。

Chapter

1

派塔基本食譜

趕緊開始動手做派塔吧。製作華麗派塔只要記住基本派塔麵團、基本杏仁奶油、基本卡士達醬這三項，就能夠隨興變化，做出各式各樣的派塔。寂寥的桌面也能夠靠著派塔變熱鬧。聽起來不真實但這是真的，請先試著做一盤吧。習慣之後可以一次做多點麵團冷凍起來。多出來的麵團和奶油等，留下來可以有別的用法。

不篩粉！不醒麵團！
不使用擀麵棍！

基本派塔麵團

首先從基本的派塔麵團做起。這可是具備了爽脆口感、適中甜度，能夠凸顯出水果及奶油魅力的萬能麵團！如果學會了這種麵團的製作方式，要填入什麼材料都可以，變化自如！麵團當中也可以混入可可粉或抹茶，或者將砂糖減量後加入一撮鹽巴來改爲鹹派。不管是外觀還是口味都能有多種變化。需要訣竅的反而是脫模，這裡也會一併說明。

材料

- 奶油…50g
- 低筋麵粉…100g
- 細砂糖…30g
- 雞蛋…1 顆

前置準備

- 將奶油放在圓盆中直到恢復為室溫狀態並軟化。大約是用手指壓下去會凹陷即可。
- 若使用金屬模具，請用刷子在內側刷上油脂（可用奶油、乳瑪琳、沙拉油、橄欖油等）。
- 將烤箱預熱至 190°C。

製作方式

Step 1

所有材料都放入圓盆中，用手攪拌混合的同時大致捏一下，整理成一團。等到整體大約混合在一起後，以壓往盆底的方式攪拌，麵團變得濕潤圓滑之後就整為一球。

Step 2

將圓球麵團放在保鮮膜上，用手推開。推到比模具還大後，提起保鮮膜，翻過來將麵團鋪在模具上。撕下保鮮膜後將麵團貼到模具底部及側面，一邊用手指推開來鋪平。

Step 3

裡面反正填了奶油後就看不見，凹凸不平也沒關係。鋪好後用叉子在底面戳滿小洞透氣。之後將整個模具放入冷凍庫裡備著，趁這個時間來做奶油或者切水果。

烤箱預熱至 190°C 烤 20～25 分鐘。底部膨脹起來的話就打開烤箱，用叉子背面輕輕壓平。

活動式模具脫模方式

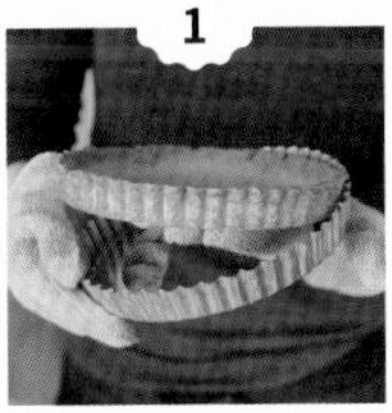

1 穿戴好厚棉布手套，自烤箱中取出派塔及模具。用單手推底部、取下外框。

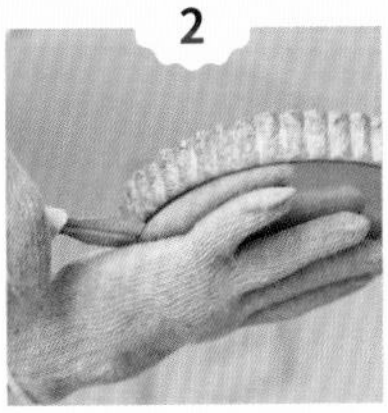

2 單手撐著底部，將刮刀插入底板與派塔縫隙之間轉一圈。等派塔完全冷卻後就拿掉底板。

派塔的口味基底

基本杏仁奶油

甜度溫和，可搭配多種口味，烘烤後的香氣令人食指大動。如果製作完有剩下，可先放在冰箱裡冷藏，第二天塗在吐司上也很好吃。

材料

- 奶油…50g
- 砂糖…50g
- 雞蛋…1 顆
- 杏仁粉…50g

前置準備

- 將奶油放在圓盆中直到恢復為室溫狀態並軟化。大約是用手指壓下去會凹陷即可。

製作方式

Step 1

將奶油放在圓盆中以打蛋器攪拌均勻。變滑順以後就加入砂糖攪拌均勻。

Step 2

加入雞蛋仔細攪拌。這個階段，材料分離或結塊也沒關係。

Step 3

添加杏仁粉，仔細攪拌，並打散所有結塊。材料變得滑順便完成了。

就算中途材料分離也不用慌張沒關係的。

搭配新鮮水果超級對味！

基本卡士達醬

滑溜順口而濃醇，大家最喜歡的就是卡士達醬。牛奶及雞蛋溫和的甜味，與水果最爲對味！手工製作感覺似乎很困難，但其實不用鍋子，也不需要過濾，就能做出來。沒用在派塔上的部分，塗在麵包上就能做出好吃的麵包！再搭配鮮奶油則口味更加濃郁。

材料

- 低筋麵粉…20g
- 砂糖…40g
- 蛋黃…2 顆
- 牛奶…200cc
- 香草精…依個人喜好

製作方式

Step 1

將低筋麵粉與細砂糖放入耐熱圓盆中，以打蛋器仔細攪拌。然後添加蛋黃、牛奶 2 大匙並加以攪拌。加入剩下的牛奶以及香草精後攪拌均勻。

Step 2

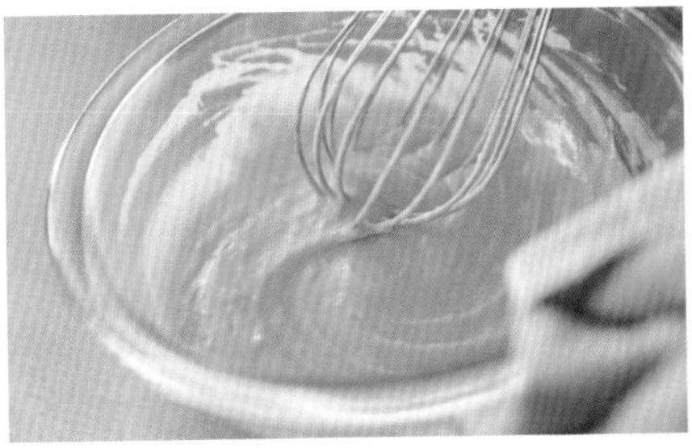

將圓盆輕輕蓋上保鮮膜，以 600W 的微波爐加熱 2 分鐘。取出後以打蛋器仔細攪拌。再用微波爐以 600W 加熱 2 分鐘。

Step 3

以打蛋器充分攪拌凝固的奶油，直到質地變得滑順。平鋪在托盤，蓋上保鮮膜後冷卻便完成了。卡士達醬冷卻之後就會凝固，因此要用來做甜點時必須以打蛋器或橡膠刮刀重新攪拌。

急用而想快速冷卻的時候

在托盤上推開來，蓋上保鮮膜後放上保冷劑，就能夠縮短時間！低筋麵粉與細砂糖放入耐熱圓盆中，以打蛋器仔細攪拌。然後添加蛋黃、牛奶 2 大匙並加以攪拌。再加入剩下的牛奶以及香草精後攪拌均勻。

Column

一次做完放入冷凍庫！

常備派塔的建議

基本派塔麵團可以放在冷凍庫中保存 1 個月以上。
只要週末一次做好麵團，就能更方便製作派塔啦！

包保鮮膜冷凍

將多的麵團揉成一球，用保鮮膜包起來之後放進冷凍庫。但是別忘了，要在製作派塔的前一天晚上，先放到冷藏庫裡面解凍。

當然除了迷你尺寸的派塔以外，先鋪好再冷凍也OK的啦！

鋪好後冷凍

在模型上鋪好以後直接冷凍。如果放在保存容器當中，就能直接儲藏在冷凍庫也不會乾燥！這麼做的好處就是不需要解凍。只要把餡料填進去，就可以放進烤箱囉！

Chapter

2

派對款派塔

與女兒的朋友及她們的母親聚會，大家各自帶餐點去開派對！一拿出派塔，桌上立刻變得非常華麗，周遭響起鼓掌與喝采聲。「媽，你一臉得意耶！」女兒開我玩笑的話語，我就假裝沒聽見吧。

派塔要能帶出門去參加派對，條件就是不容易變形、而且外觀要更華麗。能夠自由變化的烘焙派塔、容易分享的可愛迷你派塔、存在感令人震撼的蛋白霜派塔，美麗的外表都能讓女孩兒們開心。周遭響徹手機拍照快門聲。哎呀，照片也該拍夠了，快拿起杯子說聲「乾杯～！」

第一次做派塔就做

草莓烘焙派塔

第一次挑戰做派塔的話，比較建議做烘焙派塔。只需要派塔皮、杏仁奶油和水果就能製作，是最簡單的派塔。尤其是大家都愛的草莓烘焙派塔，那多汁香甜的果肉和爽口的派塔皮組成的和諧感實在太棒了。在派對上只需要灑上糖粉和塗上果膠就裝飾完成。

華麗派塔剖面圖

第 3 層

草莓

漂亮、好吃的優秀水果。
灑上碎開心果，能夠增添
風味與色彩！

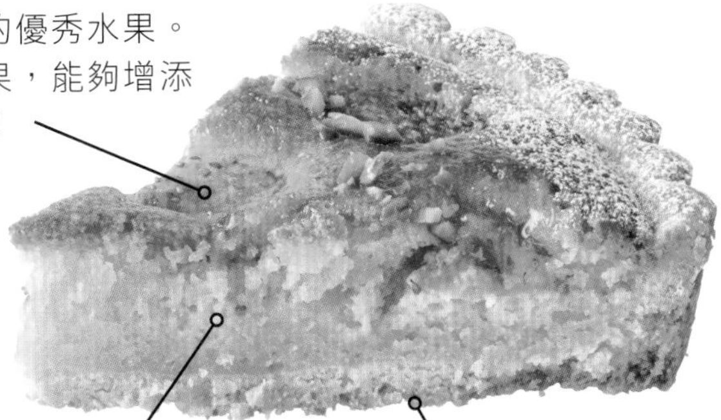

訣竅在於將草莓輕輕放上去以免烘焙的時候被淹沒。

第 2 層

基本杏仁奶油

有著柔和甜度又香氣
十足的杏仁奶油。

第 1 層

基本派塔麵團

以直徑 18cm 馬口鐵
模具烤好的派皮。

Tart Recipe

材料

- 基本派塔麵團
- 基本杏仁奶油
- 草莓…7 顆
- 果膠…適量
- 糖粉…適量
- 開心果…適量

製作方式

Step 1　將基本派塔麵團（第 20 頁）做到 Step 3 的透氣步驟後，放入冷凍庫備用。快速冷卻凝固麵團，縮短醒麵時間。

Step 2　製作基本杏仁奶油（第 22 頁）。取下草莓蒂頭並對半直切。將杏仁奶油填入基本派塔麵團中抹平，等距離輕輕放上草莓。

Step 3　放入預熱至 190°C的烤箱，烘烤 40 分鐘。若上層有快燒焦的感覺，就蓋上鋁箔紙。烤好冷卻後就塗上果膠（第 82 頁），在派塔邊緣灑上糖粉，最後灑些碎開心果。

令人雀躍的圓點圖樣

葡萄烘焙派塔

唉呀！這看起來實在太可愛了吧？從烤箱中取出時忍不住比出勝利姿勢。要享用的時候也一邊說：「哇！這樣好奢侈喔～」然後大口咬下，口中散發的葡萄香氣和口感都很棒。將兩種無籽葡萄連皮放進去真是做對了。真想泡杯紅茶和大家開個優雅的茶會。

華麗派塔剖面圖

第 3 層

葡萄

使用兩種顏色的小顆無籽葡萄平均排列，做成圓點圖樣。也別忘了塗上果膠！

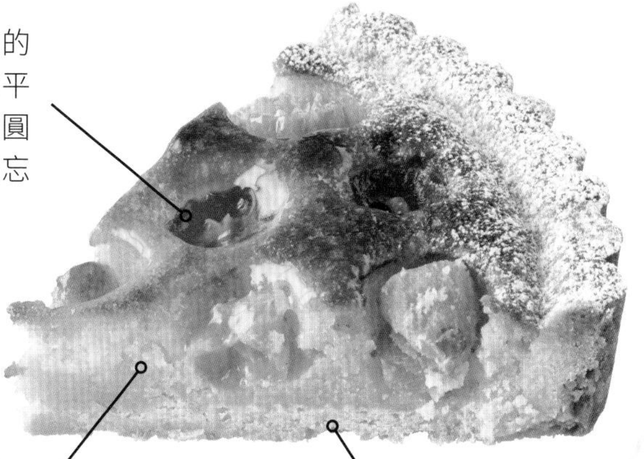

第 2 層

基本杏仁奶油

有著柔和甜度又香氣十足的杏仁奶油。

第 1 層

基本派塔麵團

以直徑 18cm 馬口鐵模具烤好的派皮。

Tart Recipe

材料

- 基本派塔麵團
- 基本杏仁奶油
- 葡萄…適量（依據顆粒大小進行調整）
- 果膠…適量
- 糖粉…適量

製作方式

Step 1 將基本派塔麵團（第 20 頁）做到 Step 3 的透氣步驟後，放入冷凍庫備用。快速冷卻凝固麵團，縮短醒麵時間。

Step 2 製作基本杏仁奶油（第 22 頁）。將葡萄對半直切。將杏仁奶油填入基本派塔麵團中抹平，等距離輕輕放上葡萄。

Step 3 烤箱預熱至 190°C，烘烤 40 分鐘。如果上層有快要燒焦的感覺，就蓋上鋁箔紙。烤好且冷卻後，塗上果膠（第 82 頁），在派塔邊緣灑上糖粉就完成了。

香蕉椰子塔

在嘴裡散開的南國風味

華麗派塔
剖面圖

第 3 層

香蕉

口味濃郁且具口感的香蕉分量十足！烤成金黃色的椰絲口感爽脆，帶有令人愉悅的南國風味。

第 2 層

基本杏仁奶油

甜度柔和又香氣十足的杏仁奶油。

第 1 層

基本派塔麵團

以直徑 18cm 馬口鐵模具烤好的派皮。

Tart Recipe

材料

- 基本派塔麵團
- 基本杏仁奶油
- 香蕉…1～2 根
- 椰絲…適量
- 果膠…適量

製作方式

Step 1 將基本派塔麵團（第 20 頁）做到 Step 3 的透氣步驟後，放入冷凍庫備用。快速冷卻凝固麵團，縮短醒麵時間。

Step 2 製作基本杏仁奶油（第 22 頁）。將香蕉切成 2cm 厚的圓片。將杏仁奶油填入基本派塔麵團中抹平，等距離輕輕放上香蕉。

Step 3 將椰絲灑在派塔邊緣，放入預熱至 190°C 的烤箱。如果上層有快要燒焦的感覺，就蓋上鋁箔紙。烤好且冷卻以後就塗上果膠（第 82 頁）就完成了。

烤地瓜派塔

令人沉醉的濃郁秋季風味

華麗派塔
剖面圖

第 2 層

基本杏仁奶油＋烤地瓜

烤地瓜的甘甜融化在杏仁奶油中，讓人感到暖心的美味。

第 1 層

基本派塔麵團

以直徑 18cm 馬口鐵模具烤好的派皮。

Tart Recipe

材料

- 基本派塔麵團
- 基本杏仁奶油
- 烤地瓜…1 條（依據地瓜大小進行調整）
- 香草…隨個人喜好

製作方式

Step 1　將基本派塔麵團（第 20 頁）做到 Step 3 的透氣步驟後，放入冷凍庫備用。快速冷卻凝固麵團，縮短醒麵時間。

Step 2　製作基本杏仁奶油（第 22 頁）。將烤地瓜切成塊狀之後混進杏仁奶油當中，填入派皮中抹平表面。

Step 3　放入預熱至 190°C的烤箱烤 40 分鐘。如果上層有快要燒焦的感覺，就蓋上鋁箔紙。此款派塔顏色比較偏棕一點，可以擺上百里香等香草裝飾，如此就完成了。熱熱的吃或放涼之後都很好吃。

餐桌上的主角就．是．我！

蛋白霜派塔

這君臨派對桌上的樣子，就像是身著華服的公主。口味濃郁絲毫沒被外觀比下去，祕密就在於鮮奶油與卡士達醬打造出的雙重奶油。蛋白餅一口輕脆咬下馬上化開，有著如同魔法般的口感，一起在口中編織出奇幻感！

華麗派塔剖面圖

第 3 層
蛋白霜餅乾

口感令人雀躍的蛋白霜餅乾。使用做奶黃醬剩下的蛋白，完全不浪費！

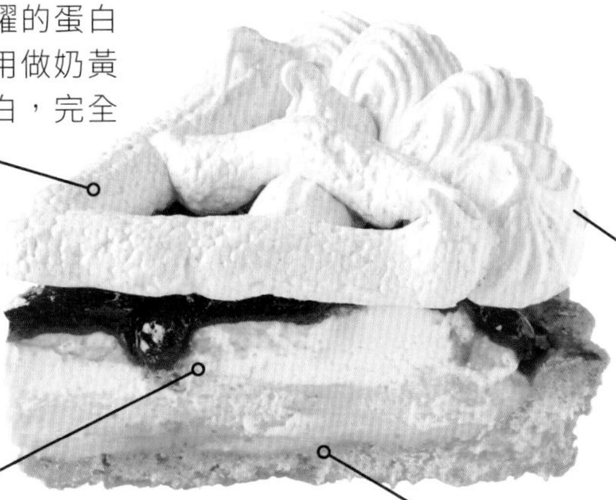

蛋白霜另外烤

蛋白霜餅乾要另外擠在烘焙紙上做成派塔形狀去烤。在烘烤的過程當中多次打開烤箱門，就能讓水分散去、烤得非常酥脆。

第 2 層
基本卡士達醬＋鮮奶油＋果醬

搭配雙重奶油的果醬可以選擇自己喜愛的口味。建議使用酸酸甜甜、顏色也非常可愛的莓果類果醬。

第 1 層
基本派塔麵團

以直徑 18cm 馬口鐵模具烤好的派皮。

Tart Recipe

材料

- 基本派塔麵團
- 基本卡士達醬
- 鮮奶油…100cc
- 細砂糖…5g
- 蛋白霜餅乾
  - 蛋白…1 個量
  - 鹽…1 撮
  - 細砂糖…60g
  - 玉米粉…1 大匙
  - 檸檬汁…少許
- 依喜好選擇果醬…100g

製作方式

Step 1 將基本派塔麵團（第 20 頁）烤箱預熱至 190°C，烘烤 20 ～ 25 分鐘。鮮奶油與細砂糖放入圓盆內，以手動攪拌器打到發。

Step 2 製作蛋白霜餅乾。蛋白及鹽巴放入圓盆中，細砂糖則分兩次加入攪拌均勻。打發以後就加入玉米粉及檸檬汁繼續攪拌均勻。放入預熱至 120°C 的烤箱中烤 1 小時後，不要從烤箱中取出，靜置至冷卻。

Step 3 將基本款的卡士達醬（第 24 頁）、鮮奶油、喜歡的果醬依序填入基本派塔皮中，再放上烤好並冷卻的蛋白霜餅乾就完成了。

以味醂熬煮，順口的糖煮水果

蘋果胡桃派塔

夜風微涼，已經是秋天了。若是覺得好像有些寂寞，就來熬煮蜜蘋果吧。將蘋果加入鍋中，倒入味醂靜靜凝視著鍋中熬煮的蘋果，度過漫漫長夜。試吃一口已經染上秋色的蘋果。

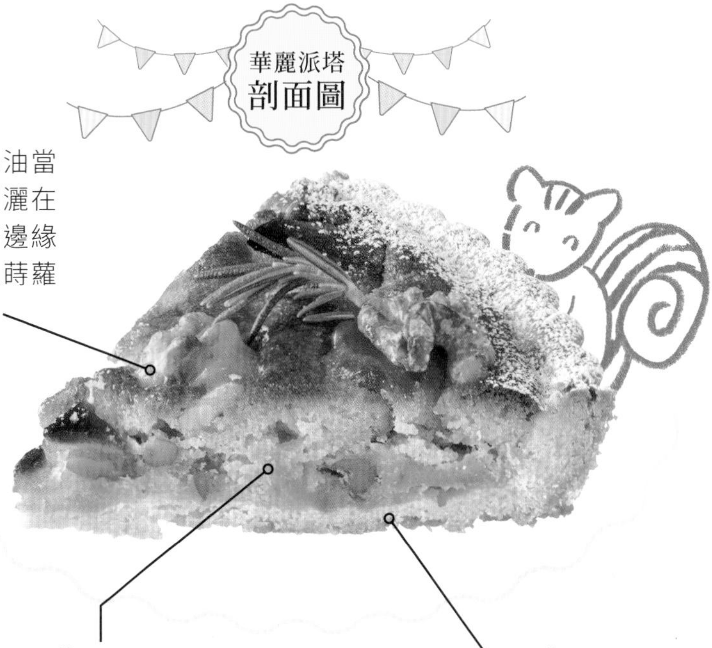

第 3 層

胡桃

一部分混在奶油當中，剩下的則灑在上頭。在派塔邊緣灑上糖粉，以蒔蘿增添色彩。

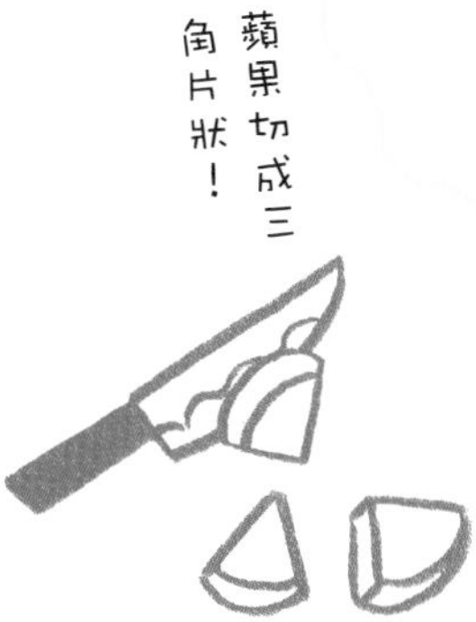

第 2 層

基本杏仁奶油＋蜜蘋果＋胡桃

口感濕潤的杏仁奶油包覆蘋果，胡桃則點綴出爽脆的口感。

第 1 層

基本派塔麵團

以直徑 18cm 馬口鐵模具烤好的派皮。

Tart Recipe

材料

- 蜜蘋果
  - 蘋果…1 個
  - 味醂…適量（200cc 左右）
- 基本派塔麵團
- 基本杏仁奶油
- 胡桃…40g
- 糖粉…適量
- 香草…適量

製作方式

Step 1 製作蜜蘋果。將切成三角片狀的蘋果放入小鍋中，添加味醂至剛好蓋過蘋果即可。以中火熬煮，在完全收乾前將鍋子拿起冷卻。

Step 2 將基本派塔麵團（第 20 頁）做到 Step 3 的透氣步驟後，放入冷凍庫備用。製作基本杏仁奶油（第 22 頁），將所有蜜蘋果與半量胡桃加進去攪拌。

Step 3 將添加了蜜蘋果與胡桃的杏仁奶油填入基本派塔麵團。抹平表面後灑上剩下的胡桃，放入預熱至 190°C的烤箱烤 40 分鐘。灑上糖粉、放上香草便完成。

微苦而多汁的成熟口味

抹茶莓果派塔

這些年來喜歡抹茶的人實在非常多，連我也是抹茶愛好者。這個微苦的塔皮配上酸酸甜甜的莓果醬，眞的很好吃。

華麗派塔剖面圖

第 3 層

莓果醬

只需要將冷凍綜合莓果加上細砂糖便能做好，非常簡單。酸酸甜甜又多汁。

第 2 層

基本杏仁奶油＋抹茶

添加了抹茶的基本杏仁奶油。烤好之後口感濕潤、甜度較低。鮮豔的綠色很棒吧？

第 1 層

基本派塔麵團＋抹茶

以直徑 16cm、高 4cm 的紙模具製作添加了抹茶的派皮。微苦的抹茶風味能凸顯出水果的甘甜味。

Tart Recipe

材料

- 基本派塔麵團
  ＊將低筋麵粉其中的 10g，替換成抹茶粉
- 基本杏仁奶油
  ＊杏仁粉以外，另外添加 5g 抹茶粉
- 冷凍綜合莓果…150 ～ 200g
- 細砂糖…30g

製作方式

Step 1 將 Step 1 中添加了抹茶的基本派塔麵團（第 20 頁）鋪在紙模中，做到 Step 3 的透氣步驟後放入冷凍庫備用。在製作基本杏仁奶油（第 22 頁）的 Step 3 時添加抹茶。

Step 2 將抹茶杏仁奶油填入抹茶派塔麵團中，放入預熱至 190℃的烤箱烤 35 分鐘左右。烤的時候將冷凍莓果與細砂糖放入小鍋當中，煮到細砂糖大致融化後靜置冷卻。

Step 3 派塔冷卻後放上大量莓果醬便完成。因使用比馬口鐵模具更深的紙模，所以大量放上莓果醬也不用擔心滿出來。果醬本身就亮晶晶的，不塗果膠也很漂亮。

以水果及奶油裝飾

起司奶油小派塔

不需要切片，可以隨意分享的迷你派塔，最適合派對了！單一個也非常可愛，許多個排在一起實在令人愛不釋手。用偶像團體的命名方式來稱呼它們吧。外觀相同的起司奶油以水果妝點以後，站上舞台做好準備。請大家聆聽這一曲：「愛上派塔」。

第3層

起司奶油＋水果

擠的時候讓濃郁的起司奶油有點高度。最後擺上喜歡的水果作為裝飾。

第2層

基本杏仁奶油

有著柔和甜度又香氣十足的杏仁奶油。

第1層

基本派塔麵團

紙杯切到剩下底下2cm左右用來當成模型，製作出來的派皮。

Tart Recipe

材料

- 基本派塔麵團（直徑 18cm 派塔麵團，1 個可做成約 9 個起司奶油小派塔）
- 基本杏仁奶油
- 奶油起司…100g
- 細砂糖…20g
- 鮮奶油…10cc
- 喜愛的水果…適量

製作方式

Step 1 將紙杯自底部裁切起 2cm 當模型，鋪好基本派塔麵團（第 20 頁）後放進冷凍庫預備。填入基本杏仁奶油（第 22 頁）至塔皮七分滿處，以預熱至 190°C的烤箱烤 20 分鐘。

Step 2 將奶油起司放入圓盆中，以手動攪拌器攪勻。不時混入細砂糖、鮮奶油等，打成略硬的起司奶油。

Step 3 將 Step2 的奶油裝入星型擠花口的擠花袋中，擠在冷卻的派塔上。以個人喜愛的水果裝飾奶油便完成。

表面酥脆內餡軟綿綿

奶油布丁派塔

用湯匙背面敲敲烤到焦香的奶油布丁表面，裡面的奶油便探出頭來。只要想到是爲了這個瞬間，就連用燃燒器炙燒的時間都令人覺得值得。連正熱烈討論戀愛話題的女孩子們也會瞬間安靜下來。

挖開
來看看

第 3 層

烤焦的細砂糖

焦糖化的表面那香氣十足的風味與酥脆口感令人愉悅。用湯匙敲碎了舀來吃。

第 2 層

基本卡士達醬＋鮮奶油

將卡士達醬與鮮奶油混合而成的奶油。在微溫狀態下舀起來享用。

第 1 層

基本派塔麵團

以一次性迷你紙杯做的派皮。1 個基本派塔麵團，約可做成 8 個。

Tart Recipe

材料

- 基本派塔麵團（1 個基本派塔麵團，約可做成 8 個）
- 基本卡士達醬
- 鮮奶油…50ml
- 細砂糖…適量

製作方式

Step 1 將基本派塔麵團（第 20 頁）鋪在一次性迷你紙杯中，放入冷凍庫冷卻。烤箱預熱至 190 度，烘烤 20 分鐘。

Step 2 將冷卻的基本卡士達醬（第 24 頁）放入圓盆中，以手動攪拌器重新打到軟化。添加鮮奶油後攪拌均勻。

Step 3 將奶油填入派皮當中。在上頭灑上大量細砂糖，用燃燒器烤到焦糖化便完成。若沒有燃燒器，可以用火烤熱湯匙背面之後按壓細砂糖（要小心別燙傷了）。

情人節基本款

布朗尼派塔

能夠簡單做出的美味布朗尼派塔，可是情人節的基本款，裝飾的方式就看個人品味。評論誰做得比較可愛肯定是個能熱烈討論的話題。我最推薦的就是把可可餅乾插在上面的樣子。

基本款布朗尼

濃郁厚重的巧克力布朗尼，
重點就在添加胡桃為口感增添變化。

材料

- 奶油…50g
- 板狀巧克力…2片
- 細砂糖…20g
- 沙拉油…10g
- 蛋液…1顆量
- 低筋麵粉…40g
- 可可粉…10g
- 胡桃…30g

製作方式

Step 1

將奶油與板狀巧克力放入圓盆中，隔水加熱至融化。

Step 2

將細砂糖、沙拉油、蛋液、低筋麵粉、可可粉添加進圓盆當中，每次加東西進去都用打蛋器攪拌。

Step 3

所有材料攪拌均勻以後，最後混入碎胡桃攪拌。

華麗派塔
剖面圖

大膽地放上去！
巧克力餅乾布朗尼派塔

第 3 層

巧克力餅乾

將市售的巧克力餅乾弄破之後大膽放上去，以糖霜及覆盆子將派塔妝點得更加華麗。

第 2 層

基本布朗尼

濕潤結實濃郁的布朗尼蛋糕體。塊狀的胡桃可以增添口感。

第 1 層

基本派塔麵團

以一次性長方形紙杯做的派皮。1 個基本派塔麵團，約可做成 6 個。

Tart Recipe

使用物品

- 基本派塔麵團（1 個基本派塔麵團，可做約 6 個巧克力餅乾布朗尼派塔）
- 基本布朗尼
- 巧克力餅乾…適量
- 糖粉…20g
- 覆盆子片…少許

製作方式

Step 1 將基本派塔麵團（第 20 頁）鋪在一次性長方形紙杯中，放入冷凍庫中備用。

Step 2 製作基本布朗尼（第 47 頁）填入派塔麵團當中，以預熱至 180°C的烤箱烤 25 分鐘。

Step 3 烤好以後，馬上將弄破的巧克力餅乾插進布朗尼當中作為裝飾。以少量水溶解糖粉做成糖霜以後，隨意畫在上面，最後擺上覆盆子片便完成。

雍容華貴和風口味

抹茶甘納豆布朗尼派塔

第 3 層

甘納豆

抹茶布朗尼與甘納豆可說是最佳拍檔。抹茶略澀的口味會被甘納豆的溫和甜味中和。

第 2 層

基本布朗尼＋抹茶

基本布朗尼搭配抹茶。口味依然濃郁，且竄入鼻腔的抹茶香氣令人感到愉悅。

第 1 層

基本派塔麵團

以一次性長方形紙杯做的派皮。1 個基本派塔麵團，約可做成 6 個。

Tart Recipe

材料

- 基本派塔麵團（1 個基本派塔麵團，約可做 6 個）
- 基本布朗尼
  ＊將板狀巧克力更換為同量的白巧克力
  ＊將可可粉變更為同量的抹茶粉
- 甘納豆…適量

製作方式

Step 1 將基本派塔麵團（第 20 頁）鋪在一次性長方形紙杯中，放入冷凍庫中備用。

Step 2 將基本布朗尼（第 47 頁）Step1 中的板狀巧克力換成白巧克力，並將可可粉換成抹茶粉以後製作抹茶布朗尼。填入派塔麵團當中，以預熱至 180°C的烤箱烤 25 分鐘。

Step 3 烤好以後，將甘納豆壓進布朗尼當中作為裝飾就完成了。

烘焙起司派塔

放上軟綿輕飄的棉花糖

濃郁的起司派塔是我家女孩子的最愛。在派對上做好許多迷你尺寸派塔後，放上棉花糖當成帽子，很可愛對吧？享用前先放進微波爐裡加熱。用銳利的目光監視那逐漸融化的棉花糖，抓緊最佳時間加熱。

華麗派塔剖面圖

第 3 層 棉花糖

享用前以微波爐加熱，使其化為稠稠的樣子。融化的狀態每秒都不太一樣，絕對不能分心。

第 2 層 起司底

酸味與甜度平衡絕佳的起司底烤到金黃焦香，放進嘴裡熱騰騰化開。

第 1 層 基本派塔麵團

用紙杯切起底下 2cm 左右作為模型製作的派皮。1 個基本派塔麵團，約可做成 9 個。

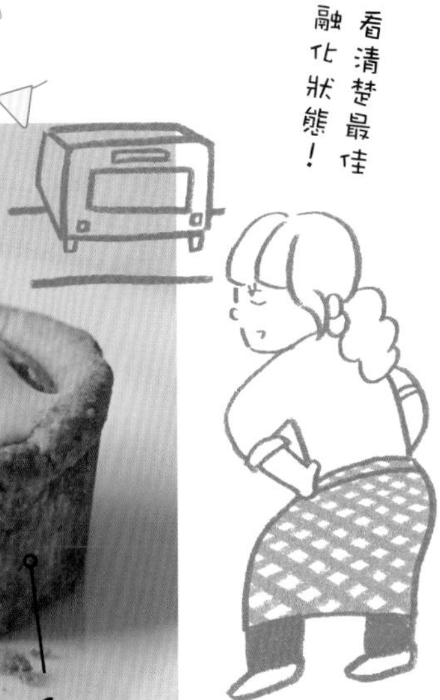

Tart Recipe

材料

- 基本派塔麵團（1 個基本派塔麵團，約可做成 9 個）
- 奶油起司…100g
- 細砂糖…40g
- 雞蛋…1 個
- 鮮奶油…50ml
- 檸檬汁…2 小匙
- 低筋麵粉…1 大匙
- 棉花糖…適量

製作方式

Step 1 將紙杯自底部裁切起 2cm 當成模型，鋪好基本派塔麵團（第 20 頁）之後放進冷凍庫備用。

Step 2 將回歸室溫的奶油起司放入圓盆中，以攪拌器攪拌。依序加入細砂糖、雞蛋、鮮奶油、檸檬汁，每次都要攪拌均勻。最後加入低筋麵粉一樣攪拌均勻。

Step 3 將 Step2 的材料填入派皮中約七分滿，以預熱至 180℃的烤箱烤 30 分鐘後取出，放上棉花糖。若下面稍微融化了就放入冰箱中冷卻。要享用時，以 600w 微波爐加熱約 10 秒。

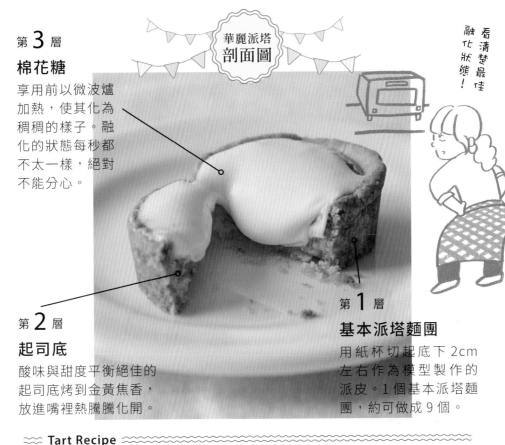

爽脆的堅果與香氣十足的焦糖

佛羅倫提派塔

被亮晶晶焦糖包裹的杏仁香氣十足，與些許鹽味打造出和諧音調的派塔。其實這是我近年來最有自信的作品。形狀也不容易歪掉，非常適合作爲禮物。如果佛羅倫提沒有用完，放在麵包或餅乾上，又是另一種美味！其實直接吃也很棒。不管其他人怎麼說，總之我非常推薦這款。

華麗派塔剖面圖

第 3 層

佛羅倫提

被焦糖包裹起來的杏仁片灑上鹽巴。第一個把鹽巴灑在焦糖上的人真是個天才。

第 2 層

基本杏仁奶油

有著柔和甜度又香氣十足的杏仁奶油。太貪心會滿出來，所以裝到五分滿就好。

第 1 層

基本派塔麵團

以一次性方形紙杯做的派皮。1 個基本派塔麵團，約可做成 8 個。

Tart Recipe

材料

- 基本派塔麵團（1 個基本派塔麵團，約可做成 8 個）
- 基本杏仁奶油
- 佛羅倫提
  - 奶油…20g
  - 細砂糖…20g
  - 鮮奶油…20ml
  - 蜂蜜…5g
  - 杏仁片…20g
- 鹽巴…適量

製作方式

Step 1 將基本派塔麵團（第 20 頁）鋪進一次性方形紙杯中，並將基本杏仁奶油（第 22 頁）填至五分滿。

Step 2 將杏仁片以外的佛羅倫提材料放入鍋中開火。攪拌的同時煮到滾，稍微有些焦色後就關火，放入杏仁片拌勻。

Step 3 將佛羅倫提倒入已填好杏仁奶油的派塔上到八分滿，烤箱預熱至 190 度，烘烤 35 分鐘左右。烤好從烤箱中取出再灑上鹽巴。

Column

帶出門、當禮物

美麗點綴
派塔的訣竅

將派塔做得非常漂亮之後，包裝可愛帶去派對。以下介紹一些簡單又美麗的包裝訣竅。

用方形紙杯烤的派塔直接裝進鋪了蠟紙的盒子裡。切開來的派塔，每片各自放進透明塑膠袋中，用鋁箔鐵絲封住袋口。雖然很簡單，但派塔很可愛所以非常漂亮。

完整派塔的包裝方式

想拿完整的派塔過去，卻找不到適合盒子的時候，只要有透明塑膠袋和紙盤就沒問題！以鋁箔鐵絲穿過自己製作的標籤封好袋口，真漂亮。

1

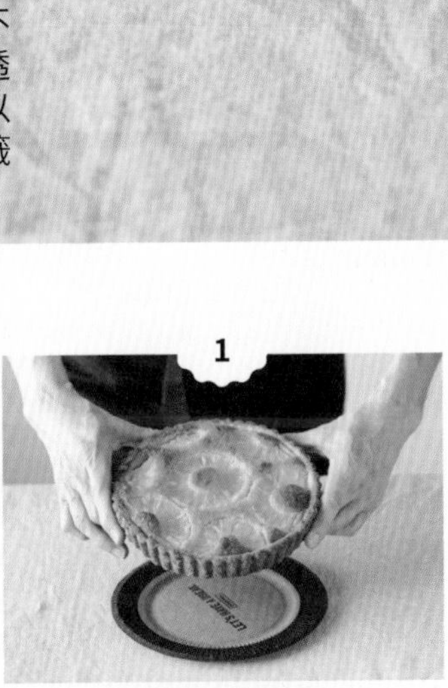

2

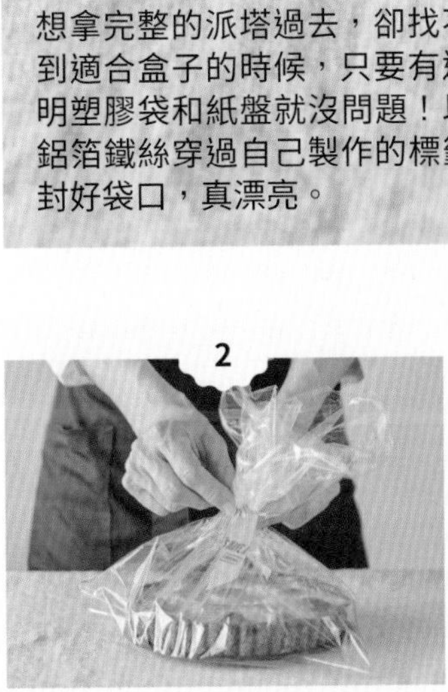

1. 完整派塔放在紙盤上。烘焙派塔比較適合這種包裝方式。
2. 同紙盤一起放進透明塑膠袋，用鋁箔鐵絲將袋口封好。

Chapter 3 下午茶款 派塔

平常日的下午，不知為何總是匆匆忙忙。但今天比較早把家事做完，女兒下課後應該也沒有要去其他地方，會直接回來。這種時候我家的家庭咖啡廳就要緊急開店！女兒受到烤箱裡飄出的香氣吸引，在廚房外探頭探腦。派塔做好以後，泡個咖啡，女孩兒聚會就開始了。
今天發生了什麼事情呢？晚餐要做什麼好？或者是週末有什麼打算？隨口聊聊小事，製造好好對話的時間是非常重要的。

華麗鮮甜的派塔正宗款

綜合水果派塔

在某個人的生日、特別的紀念日，或者這天就是想做這款綻放著眩目光芒的派塔，像是裝滿水果的寶石盒。大口咬下，奶油的甜蜜與派塔的香氣，還有新鮮水果的酸甜超對味，美味大浪沖向自己！以乘風破浪的心情一口接著一口，轉眼間就吃完了。

華麗派塔剖面圖

第 3 層

基本卡士達醬＋鮮奶油＋水果

濃郁的卡士達醬與多汁的水果十分對味。

第 2 層

基本杏仁奶油

有著柔和甜度又香氣十足的杏仁奶油。

第 1 層

基本派塔麵團

以直徑 18cm 馬口鐵模具烤好的派皮。

Tart Recipe

材料

- 基本派塔麵團
- 基本杏仁奶油
- 基本卡士達醬
- 鮮奶油⋯10ml
- 喜愛的水果⋯適量

製作方式

Step 1 將基本杏仁奶油（第 22 頁）填入基本派塔麵團（第 20 頁）中，放入預熱至 190 度的烤箱烤 35 分鐘左右。

Step 2 將基本卡士達醬（第 24 頁）與鮮奶油放入圓盆中，以手動攪拌機攪拌到均勻滑順。

Step 3 將 Step2 的奶油放到派塔上面，裝飾好水果便完成。

美味高峰

雪屋蒙布朗派塔

在食指大動的秋季，最適合來個放滿栗子奶油的雪屋蒙布朗派塔。面對那不愧以歐洲阿爾卑斯山最高山峰蒙布朗爲名，堂堂聳立的姿態，入口卽化的栗子奶油和裡頭顆粒狀的栗子肉，將秋季帶進口中。

華麗派塔
剖面圖

塔皮與奶油當中都有大量栗子

第 **3** 層

基本卡士達醬＋栗子鮮奶油＋帶皮熬煮栗子

添加栗子泥的鮮奶油與帶皮栗子，是個充滿栗子的奢侈口味。不要手軟，放上大量奶油吧。

第 **2** 層

基本杏仁奶油＋剝皮甜栗

切塊的甜栗口感十足！杏仁奶油那些許的甜度正好凸顯出甜栗的風味。

第 **1** 層

基本派塔麵團

以直徑 18 公分馬口鐵模具烤好的派皮。

Tart Recipe

材料

- 基本派塔麵團
- 基本杏仁奶油
- 剝皮栗子…70g
- 基本卡士達醬
- 鮮奶油…100ml
- 栗子奶油（市售）…100g
- 帶皮熬煮栗子…適量
- 可可粉…適量
- 香草…適量

製作方式

Step 1 將基本派塔麵團（第 20 頁）做到 Step 3 的透氣步驟後放入冷凍庫備用。將壓碎的剝皮甜栗添加至基本杏仁奶油（第 22 頁）當中，填入派皮當中。使用預熱至 190 度的烤箱烤 35 ～ 40 分鐘。

Step 2 以攪拌器將基本卡士達醬（第 24 頁）打到滑順。鮮奶油與市售的栗子奶油放在另一個圓盆中，以電動攪拌器打到八分左右。

Step 3 將卡士達醬放在派塔中央，周遭放上帶皮熬煮的栗子。上面在放上添加了栗子鮮奶油的鮮奶油，以橡膠刮刀抹成雪屋的形狀。灑上可可粉，裝飾好帶皮熬煮的栗子與香草便完成。

好吃的祕密就在裡頭

雪屋草莓派塔

新鮮草莓從如山高的奶油當中探出頭，吃一口應該吃得出來，派體是草莓烘焙派塔。這款派塔同時能夠品嘗用烤箱烤過的草莓那有著果醬般濃郁的甜蜜，搭配新鮮草莓的多汁酸甜。

華麗派塔剖面圖

第 3 層
鮮奶油

放上大量鮮奶油，再以橡膠刮刀抹成雪屋的形狀。最後灑上糖粉雪花妝點。

第 2 層
基本卡士達醬＋草莓

牛奶與雞蛋的溫和甜味搭配香草精的香氣，與酸酸甜甜的新鮮草莓非常對味。

第 1 層
草莓烘焙派塔

將草莓烘焙派塔（第 30 頁）作為派體。可以享用烤過的草莓與新鮮草莓兩種口感。

Tart Recipe

材料
- 草莓烘焙派塔…1 個
- 基本卡士達醬
- 鮮奶油…100ml
- 細砂糖…8g
- 草莓…適量
- 糖粉…適量

製作方式
Step 1 製作草莓烘焙派塔（第 30 頁）。以攪拌器將基本卡士達醬（第 24 頁）重新打到滑順。

Step 2 將鮮奶油與細砂糖放入另一個圓盆內，以電動攪拌器打到發。取下草莓蒂頭並對半直切。

Step 3 將卡士達醬堆疊在派塔中央成山狀，周圍擺上切好的草莓。然後放上大量鮮奶油，以橡膠刮刀調整成雪屋形狀。最後灑上大量糖粉就完成了。

牧場風格

提拉米蘇派塔

清爽涼風吹過整片廣大草原，遠遠飄來抹茶香氣。看那啃食著青草的牛兒。在讓人感到安逸的風景中，時光靜靜流逝，這兒就是三不提拉米蘇牧場。奶油起司那溫和風味能夠療癒我心。另外還有一天，我將抹茶草皮換成可可亞，小豬大玩泥巴可熱鬧了。這個午後，讓我們在派塔上這個幻想世界縱情幻想。

不使用馬斯卡彭起司！
不使用烤箱！不使用雞蛋！

3 不提拉米蘇

提拉米蘇派塔的裡面就是這個。可以放進派塔裡，
也能夠盛裝在容器中，只享用提拉米蘇本身，是兩用食譜。

材料

可以替換糖漿和粉末做變化！

- 細砂糖…30g
- 海綿蛋糕（市售）…1/2 片
- 粉末（巧克力／抹茶）…適量
- 鮮奶油…100ml
- 奶油起司…100g
- 抹茶糖漿（第 66 頁）／或咖啡糖漿（第 67 頁）

製作方式

Step 1

將糖漿材料放入小鍋裡開火，仔細攪拌，溶化後靜置冷卻。將鮮奶油放入圓盆中，以攪拌器完全打發。

Step 2

將恢復常溫的奶油起司放到另一個圓盆中，以電動攪拌器攪到軟化之後加入細砂糖，再繼續攪拌。換成橡膠刮刀，將鮮奶油分為兩次加入，每次都大致上攪拌一下。

Step 3

挖一瓢 Step 2 的鮮奶油，塗抹在派塔皮內側，放上海綿蛋糕。以刷子塗上糖漿，放上剩下的奶油之後灑上粉末。只製作提拉米蘇的時候，就將海綿蛋糕鋪在容器內，依序塗糖漿、放奶油、灑粉。

抹茶提拉米蘇派塔

牛兒散步天氣晴

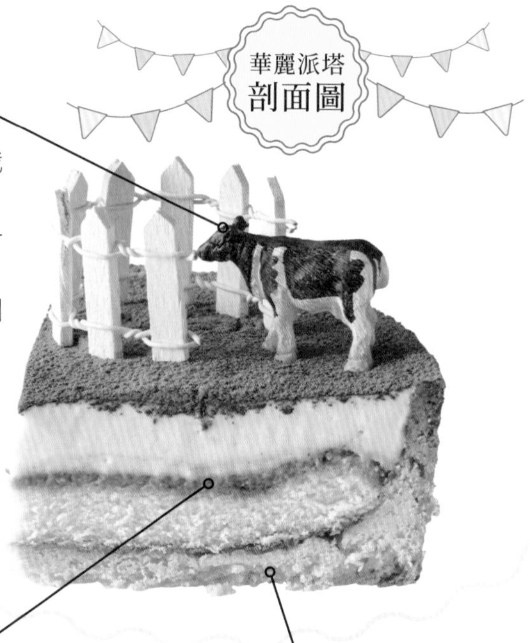

第 3 層

牛兒

在牧場裡悠哉生活的牛兒。一邊曬太陽一邊啃著草兒，黃昏時分便回房睡覺。

第 2 層

3 不提拉米蘇

提拉米蘇也是抹茶口味。抹茶魅力無人能擋。大量灑上抹茶粉，讓派塔看來就像草皮。

第 1 層

基本派塔麵團

以直徑 16cm、高 4cm 的紙模具製作的派皮。

Tart Recipe

使用物品

- 基本派塔麵團
- 3 不提拉米蘇
- 抹茶糖漿
  - 抹茶粉…1 小匙
  - 細砂糖…10g
  - 水…3 大匙
- 抹茶粉…適量

製作方式

Step 1 將基本派塔麵團（第 20 頁）鋪在直徑 16cm 的紙模具中，烤箱預熱至 190 度，烘烤 20 ～ 25 分鐘。

Step 2 使用抹茶糖漿製作 3 不提拉米蘇（第 65 頁）。粉末就用抹茶粉末。

Step 3 將百圓商店買來的牛和柵欄擺在派塔上就完成了。可以試著一邊思考故事，一邊調整牛兒站的位置。

可可提拉米蘇派塔

小豬玩泥巴大賽

華麗派塔
剖面圖

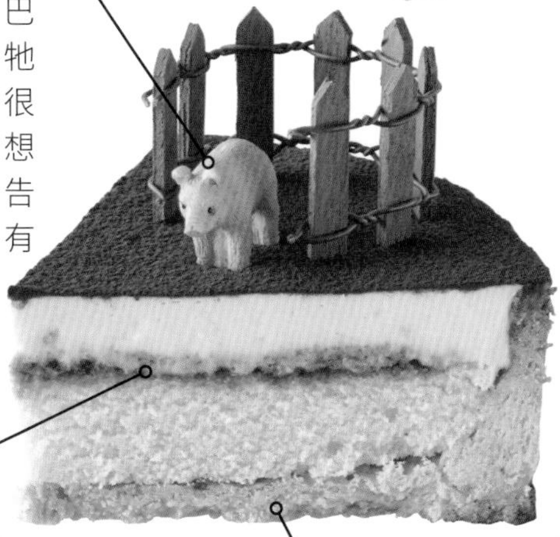

第 3 層

小豬

今天是玩泥巴的日子。但牠低著頭似乎很沒精神。真想推牠一把，告訴牠：「要有自信！」

第 2 層

3 不可可亞提拉米蘇

加入咖啡糖漿的成熟口味提拉米蘇，灑上大量可可粉。

第 1 層

基本派塔麵團

以直徑 16cm、高 4cm 的紙模具製作的派皮。

Tart Recipe

材料

- 基本派塔麵團
- 3 不提拉米蘇
- 咖啡糖漿
  - 即溶咖啡…1 小匙
  - 細砂糖…10g
  - 水…3 大匙
- 可可粉…適量

製作方式

Step 1 將基本派塔麵團（第 20 頁）鋪在直徑 16cm 的紙模具中，烤箱預熱至 190 度，烘烤 20 ～ 25 分鐘。

Step 2 使用咖啡糖漿製作 3 不提拉米蘇（第 65 頁）。粉末就用可可粉。

Step 3 將百圓商店買來的小豬和柵欄擺在派塔上就完成了。讓小豬的屁股朝自己，看著那迷人小尾巴也挺可愛的。

簡單卻優雅

巧克力慕斯派塔

這款派塔的巧克力濃郁厚實，讓喜愛甜食的人感到萬分滿足。高貴優雅的大理石圖樣看來非常美麗，其實做起來很簡單。理由就在於3不巧克力慕斯。使用的材料只有三項，不使用那買了以後總是用不完的明膠！只要更換巧克力的口味就能自由變化，隨著當天的心情或喜好，嘗試做出各式各樣的變化吧！

不使用明膠！不使用量具！

3 不巧克力慕斯

填進派塔當中很棒、單吃也非常美味的巧克力慕斯。
必須在冰箱放半天以上，嫌麻煩也要在冷凍庫放 1 小時以上。

材料

- 板狀巧克力…100g
  ＊此款食譜使用白巧克力
- 鮮奶油…230ml（分為 100ml 及 130ml 兩杯）
- 蛋黃…1 個分

前置準備

- 將鮮奶油（130ml）打到微發（還有點會流動的程度）之後放進冰箱裡。
- 將巧克力弄碎放入圓盆中隔水加熱融化。

製作方式

Step 1

將鮮奶油（100ml）放入耐熱碗中，以 600w 的微波爐加熱約 1 分鐘左右。取出之後添加蛋黃並以攪拌器攪拌均勻，再以微波爐加熱 30 秒後取出攪拌。之後再加熱 30 秒後攪拌至滑順。

Step 2

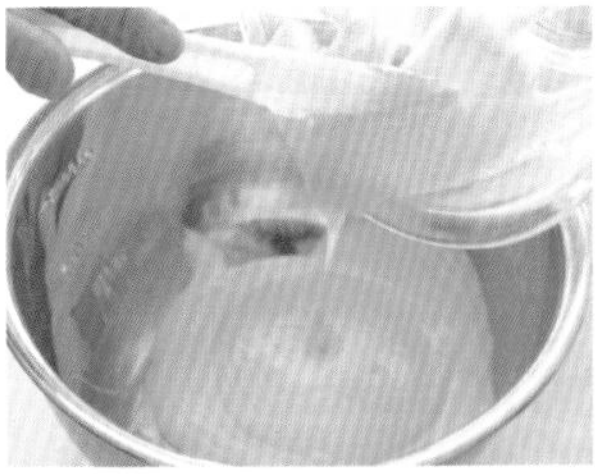

將先前準備好的隔水加熱巧克力添加進去攪拌後，冷卻至室溫。如果希望能冷卻得快一些，就將圓盆底部浸泡在冰水當中。

Step 3

液體冷卻後添加事先打發的鮮奶油，以橡膠刮刀切割的方式攪拌均勻。

濃郁醇厚滑順

白巧克力慕斯派塔

華麗派塔剖面圖

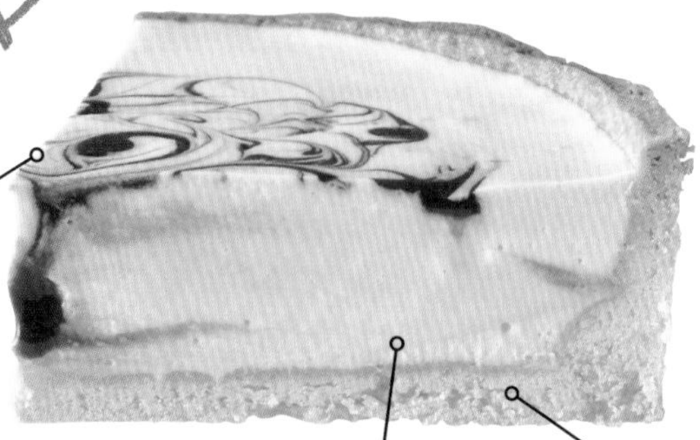

第 3 層

巧克力醬

在慕斯冷卻以前淋上巧克力醬，再以牙籤在上頭畫圈圈。這樣就能做出非常優雅的大理石圖案。

第 2 層

3 不巧克力慕斯

白巧克力的巧克力慕斯。口味濃郁醇厚，連超愛吃甜的人都大為滿意。享用前要好好冰鎮唷。

第 1 層

基本派塔麵團

以直徑 16 公分、高 4cm 的紙模具製作的派皮。

Tart Recipe

使用物品

- 基本派塔麵團
- 3 不巧克力慕斯
  *使用白巧克力
- 巧克力醬（市售品）…適量

製作方式

Step 1 將基本派塔麵團（第 20 頁）鋪在直徑 16cm 的紙模具中，烤箱預熱至 190 度，烘烤 20 ～ 25 分鐘。

Step 2 將使用白巧克力製作的 3 不巧克力慕斯（第 69 頁）填入派皮當中。

Step 3 從上方在數處淋下巧克力醬之後使用牙籤以畫圓的方式描繪出大理石圖樣。在冰箱冰鎮半天以上便完成。
*慕斯的硬度會根據使用的巧克力油脂分及鮮奶油的乳脂肪率而有所不同。

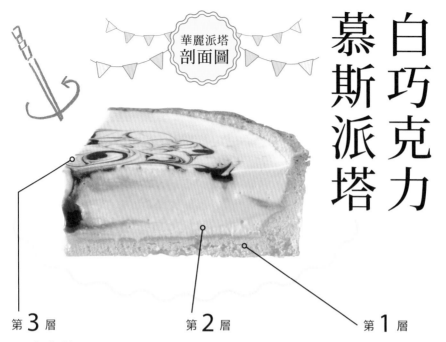

替換巧克力變換自在

各式各樣巧克力慕斯派塔

3不巧克力慕斯，只需要替換板狀巧克力的口味，
就能自由變化！你喜歡哪種巧克力慕斯？

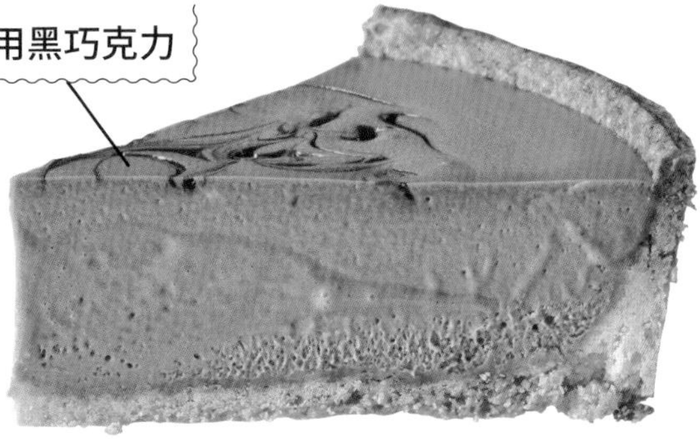

微苦巧克力慕斯派塔

對於比較成熟風味的你來說，適合使用黑巧克力製作的微苦巧克力慕斯派塔。不會過甜卻使人上癮。

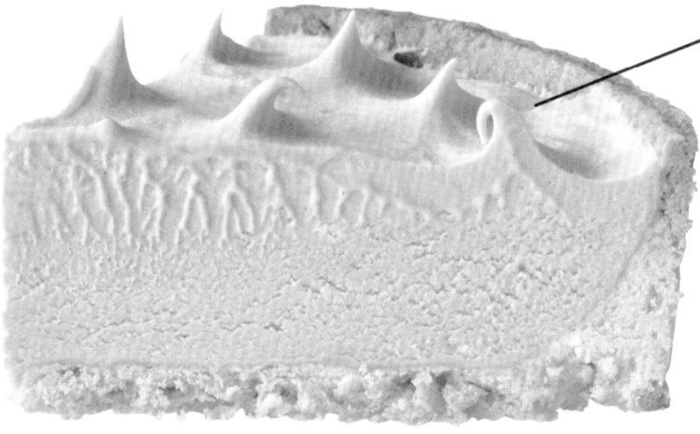

草莓巧克力慕斯派塔

對於最喜歡香甜口味的你來說，揪心的草莓巧克力慕斯派塔最棒了。淡淡粉紅色與微站起來奶油角真是魅力十足。

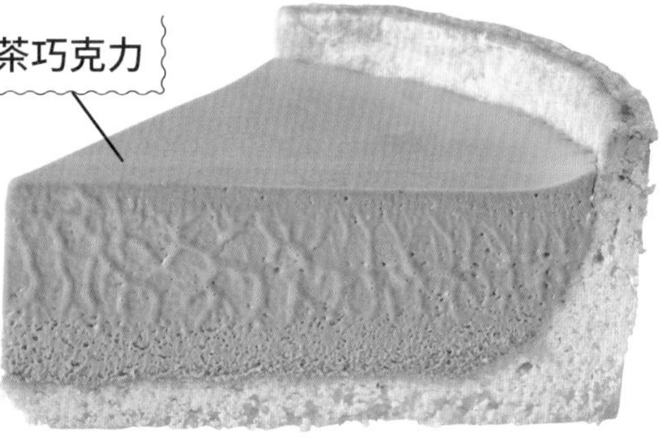

抹茶巧克力慕斯派塔

如果你喜歡日式甜點，那一定要試試抹茶巧克力慕斯派塔。抹茶的魔法讓派塔口味濃郁卻又吃來清爽。

年幼那淡淡的回憶

咖啡廳布丁派塔

家附近商店街角落有間古老的咖啡廳，那是有著現沖咖啡香氣以及自不知名唱片流洩出曲子的店家，當我還是孩子的時候，眼中見到的卻只有那放了顆櫻桃的布丁。彈力十足的口感及那略苦的焦糖醬，真是令人懷念哪。女兒根本沒有在聽我說這些回憶，完全專注在眼前的派塔上。他一開始就把櫻桃吃掉了，從這點看來我們果然是母女呢。

華麗派塔
剖面圖
你會先吃掉櫻桃？還是最後才吃櫻桃？

第 **3** 層

焦糖醬＋發泡鮮奶油＋櫻桃

布丁當然要搭配焦糖醬。喜歡多少就淋多少再享用吧。罐頭櫻桃復古又可愛。

第 **2** 層

布丁

口味令人懷念、有著略硬彈力感的布丁。就像孩提時代在咖啡廳裡吃過的那種懷舊口味。

第 **1** 層

基本派塔麵團

以直徑 16cm、高 4cm 的紙模具製作的派皮。

Tart Recipe

材料

- 基本派塔麵團
- 牛奶…100ml
- 明膠粉…5g
- 蛋黃…2 個
- 細砂糖…40g
- 香草精…適量
- 鮮奶油…100ml
- 發泡鮮奶油…適量
- 罐頭櫻桃…適量
- 焦糖醬…隨個人喜好

製作方式

Step 1 將基本派塔麵團（第 20 頁）鋪在直徑 16cm 的紙模具中，烤箱預熱至 190 度，烘烤 20 ～ 25 分鐘。將牛奶倒進耐熱碗中，使用 600w 微波爐加熱 1 分鐘左右，將明膠粉灑進去攪拌均勻。

Step 2 將蛋黃與細砂糖放入另一個圓盆中，以攪拌器攪拌。顏色轉白以後就加入 Step 1 的材料攪拌，依序加入香草精、鮮奶油。

Step 3 將 Step 2 的液體以濾茶器過濾倒進派皮當中，在冰箱中冰 3 小時以上。等到液體凝固以後就擠上發泡鮮奶油，上面以罐頭櫻桃裝飾後便完成。隨個人喜好淋上適量焦糖醬。

畢竟很流行嘛！

珍珠奶茶派塔

完全追隨潮流的我，怎麼可能放過空前的珍珠風潮！它受歡迎到如果走在路上發現隊伍，沿著一路找到起點，肯定是賣珍珠的店家。我嚴厲告訴那排在長長隊伍中浪費寶貴青春的女兒，你今天給我直接回家！那麼想吃的話，你媽做給你！

第 3 層
紅茶鮮奶油＋珍珠

加入即溶奶茶粉 1 杯量的鮮奶油，當然還有珍珠。收尾就用可可粉。

第 2 層
市售的海綿蛋糕＋茶精

海綿蛋糕用市售品也 OK ！只要好好吸收茶精，就能做出非常濕潤的口感。

第 1 層
基本派塔麵團＋紅茶葉

以直徑 14cm 馬口鐵模具製作添加紅茶葉的派皮。紅茶香氣在口中化開療癒人心。

Tart Recipe

材料

- 珍珠…20g
- 基本派塔麵團（直徑 14cm 馬口鐵模型）
  ＊添加約 5g 剁碎的紅茶葉
- 海綿蛋糕（市售）…1 片
- 茶精（稀釋用）…適量
- 鮮奶油…50ml
- 即溶奶茶粉…1 杯量
- 可可粉…適量

製作方式

Step 1 將珍珠放入鍋中，蓋上鍋蓋煮 1 小時左右。將 Step 1 中添加了紅茶茶葉的基本派塔麵團（第 20 頁）鋪在 14cm 馬口鐵模型中，烤箱預熱至 190 度，烘烤 20～25 分鐘。

Step 2 將海綿蛋糕鋪在派塔內，以刷子刷上茶精。派塔邊緣排上珍珠作為裝飾。

Step 3 將鮮奶油放入圓盆中，添加即溶奶茶粉以電動攪拌機打到發。填入裝了圓形擠花口的擠花袋中，一球一球擠到海綿蛋糕上。最後灑上可可粉並用珍珠裝飾便完成。

家庭咖啡廳基本款菜單

覆盆子起司派塔

新鮮覆盆子爲烘焙起司派塔增添色彩。粉紅色圓點很可愛。濃郁的起司派塔和爽口的覆盆子搭配在一起實在絕妙，理所當然成爲我家咖啡廳的固定菜單。使用基本派塔麵團也很好吃，不過今天添加了巧克力做點變化，剛好覆盆子和巧克力很對味。

華麗派塔剖面圖

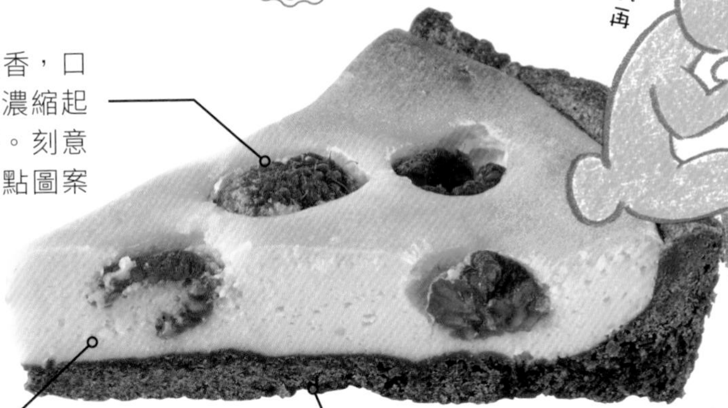

第 3 層

覆盆子

烤到略帶焦香，口味及香氣都濃縮起來的覆盆子。刻意排成隨機圓點圖案非常可愛。

第 2 層

起司派體

起司的香氣在口中散開，那濕潤的口感真讓人停不下來。和覆盆子的搭檔無懈可擊。

第 1 層

基本派塔麵團＋可可粉

以直徑 18cm 馬口鐵模具烤好添加了可可粉的派皮。與酸酸甜甜的覆盆子正對味。

Tart Recipe

材料

- 基本派塔麵團
  ＊將 100g 低筋麵粉中 10g 替換為可可粉
- 奶油起司…100g
- 細砂糖…40g
- 雞蛋…1 個
- 鮮奶油…50ml
- 檸檬汁…2 小匙
- 低筋麵粉…1 大匙
- 新鮮覆盆子…50g

製作方式

Step 1 將 Step 1 中添加了可可粉的基本派塔麵團（第 20 頁）鋪在紙模當中，做到 Step 3 的透氣步驟後放入冷凍庫備用。

Step 2 將恢復為室溫的奶油起司放入圓盆中，以攪拌器打到滑順。依序加入細砂糖、雞蛋、鮮奶油、檸檬汁，每次添加材料都要攪拌均勻，做出起司派體。

Step 3 將 Step 2 的起司派體填入派塔皮中，灑上覆盆子。放入預熱至 190 度的烤箱烤 45 分鐘左右便完成。在冰箱冷卻過後享用。

香氣十足蘭姆葡萄 咖啡起司派塔

第 2 層

咖啡起司派體＋蘭姆葡萄

以熱水溶解的即溶咖啡與蘭姆葡萄有種成熟風味。最後使用咖啡豆巧克力作為裝飾。

第 1 層

基本派塔麵團

以直徑 18cm 馬口鐵模具烤好的派皮。

Tart Recipe

材料

- 基本派塔麵團
- 奶油起司…100g
- 細砂糖…40g
- 雞蛋…1 個
- 鮮奶油…50ml
- 低筋麵粉…1 大匙
- 熱水…1 大匙
- 即溶咖啡…1 ～ 2 大匙
- 蘭姆葡萄…40g
- 咖啡豆巧克力…適量

製作方式

Step 1 將基本派塔麵團（第 20 頁）做到 Step 3 的透氣步驟後放入冷凍庫備用。

Step 2 將回歸室溫的奶油起司放入圓盆中，以攪拌器攪拌。依序加入細砂糖、雞蛋、鮮奶油、低筋麵粉、以熱水溶解的即溶咖啡，每次添加材料都要攪拌均勻，做出咖啡起司派體。

Step 3 將蘭姆葡萄鋪在派皮底層，輕輕填入 Step 2 的咖啡起司派體，然後烤箱預熱至 190 度，烘烤 45 分鐘。以咖啡豆巧克力裝飾後便完成。在冰箱冷卻過後享用。

清爽生乳酪 白色派塔

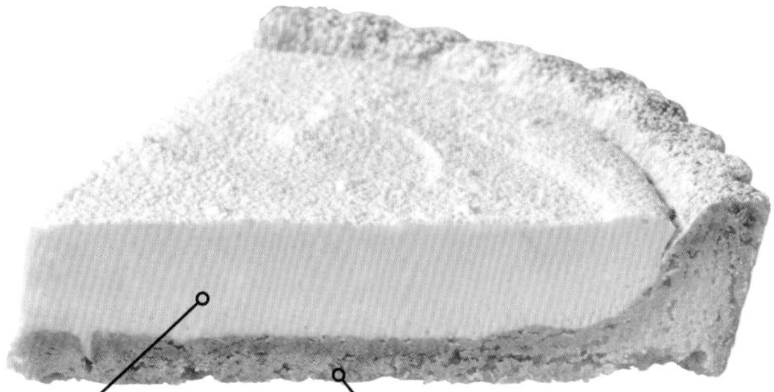

第 2 層

生乳酪基底

不使用明膠製作的生乳酪基底。放在冰箱裡好好冷藏半天。如果趕時間就放在冷凍庫放 1 小時左右。

第 1 層

基本派塔麵團

以直徑 18cm 馬口鐵模具烤好的派皮。

Tart Recipe

材料

- 基本派塔麵團
- 奶油起司…100g
- 白巧克力…1 片
- 鮮奶油…100ml（乳脂肪 35%）
- 糖粉…隨個人喜好

製作方式

Step 1 將基本派塔麵團（第 20 頁）烤箱預熱至 190 度，烘烤 20 ～ 25 分鐘。將回歸室溫的奶油起司放入圓盆中，以電動攪拌機攪拌。

Step 2 將白巧克力打碎放到另一個圓盆中隔水加熱，添加 Step 1 的奶油起司並以電動攪拌器攪拌。將鮮奶油也添加進去後攪拌均勻。

Step 3 將 Step 2 的液體倒入派皮當中，放在冰箱好好冷藏半天左右便完成。隨個人喜好灑上糖粉。

將無法說出口的心意，放進派塔中

糯米紙轉印派塔

「謝謝」、「對不起啦」、「恭喜！」、「最喜歡你」這些話，正因爲面對的是每天見面的家人，反而無法老實說出口，要不要將這些心情都放在派塔上呢？只需要在白色派塔（第79頁），放上可食用墨食物筆描繪話語及圖樣，然後用糯米紙轉印上去就好了。如果對寫字和畫畫沒有信心，也只要照著描就好，不用擔心！

使用物品

1. 糯米紙
2. 透明資料夾
3. 食物筆

糯米紙轉印製作方式

Step 1

配合派塔大小，將想描繪的文字及圖樣列印出來，放進資料夾當中。

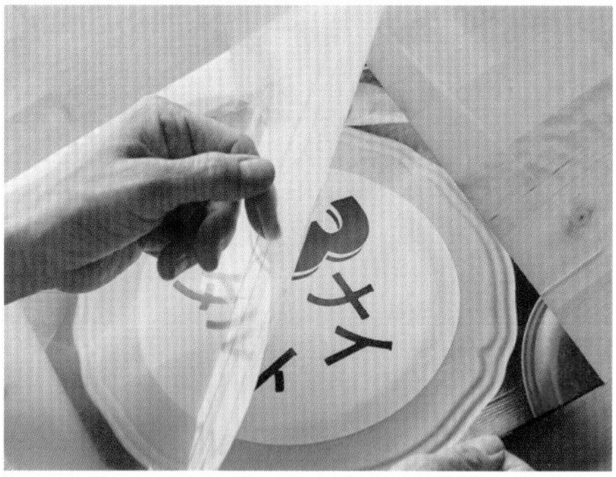

Step 2

把糯米紙蓋在想描繪的文字或圖樣上，以食物筆描繪。太用力會破掉，還請小心。描好後把糯米紙放到白色派塔上便完成。

Column

5 步驟華麗變身！

裝飾的訣竅

只需要用易取得的東西，就能將簡單的派塔裝飾成像店裡賣的商品。
以下介紹讓人眼睛一亮的裝飾絕竅！

Step 1

底座是草莓迷你派塔

使用一次性迷你紙杯做的基本派塔。重點在於將卡士達醬堆到像山一樣高。

Step 2

塗上果膠

店裡賣的派塔看起來都亮晶晶的，是因為有果膠。只要塗一下，馬上就看起來像是專家的作品。

替代果膠的方法

如果怕果膠買了以後用不完，那就用水稍微稀釋一些果醬來代替。果醬的口味隨意。

Step 3

灑上弄碎的派狀點心

將市售的派狀點心放入密封袋中打碎，灑在派塔上。這樣也能添加酥脆口感，一舉兩得。

Step 4

灑上糖粉

糖粉放到濾茶器裡面去灑。只要整體有薄薄一層就夠了。小心不要灑太多。

Step 5

裝飾

將發泡鮮奶油擠在山型頂點，擺上薄荷就完成了！看起來簡直不像自己手工做的點心對吧？

Chapter 4

俐落款派塔

在某個休假日下午，女兒忽然交付了一個緊急任務給完全呈現離線狀態的媽媽。「我朋友要來家裡玩！」還有一小時，他的朋友就要到了，已經沒有時間去買東西。這下子該怎麼辦才好。打開櫃子看看，裡頭還有水果罐頭和市售的小點心。雖然也可以直接拿這些東西給大家，但總覺得這樣很沒誠意。這種時候派塔就派上用場。快速又簡單，做出讓女孩兒們滿足的點心！

橙片派塔

閃閃發光的柑橘派塔

橙片是一種只要隨意排列就看來非常可愛的優秀食品。重點就在於使用果膠讓它看來亮晶晶的。有如太陽一般的橘子色搭配清爽的藍色盤子，讓人回想起夏天的海灘。橘皮有著微苦的風味而果肉酸酸甜甜。微苦、酸酸甜甜。若要舉例的話，這樣的口味就像是某個夏季裡的戀情吧？

華麗派塔 剖面圖

第 3 層

橙片

看上去也非常可愛的罐頭橙片，光是擺上去就非常時髦。

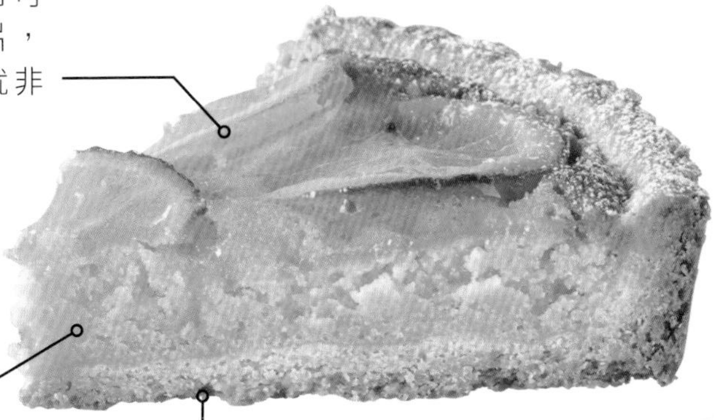

第 2 層

基本杏仁奶油

有著柔和甜度又香氣十足的杏仁奶油。

第 1 層

基本派塔麵團

以直徑 18cm 馬口鐵模具烤好的派皮。

Tart Recipe

材料

- 基本派塔麵團
- 基本杏仁奶油
- 橙片罐頭…適量
- 果膠…適量
- 糖粉…適量

製作方式

Step 1 將基本派塔麵團（第 20 頁）做到 Step 3 的透氣步驟後放入冷凍庫備用。

Step 2 製作基本杏仁奶油（第 22 頁），填入塔皮當中抹平表面。

Step 3 將橙片排列在杏仁奶油上，烤箱預熱至 190 度，烘烤 40 分鐘。塗上果膠（第 82 頁）後在邊緣灑上糖粉便完成。

鳳梨派塔

沒有草莓的季節裡
最適合派塔的水果

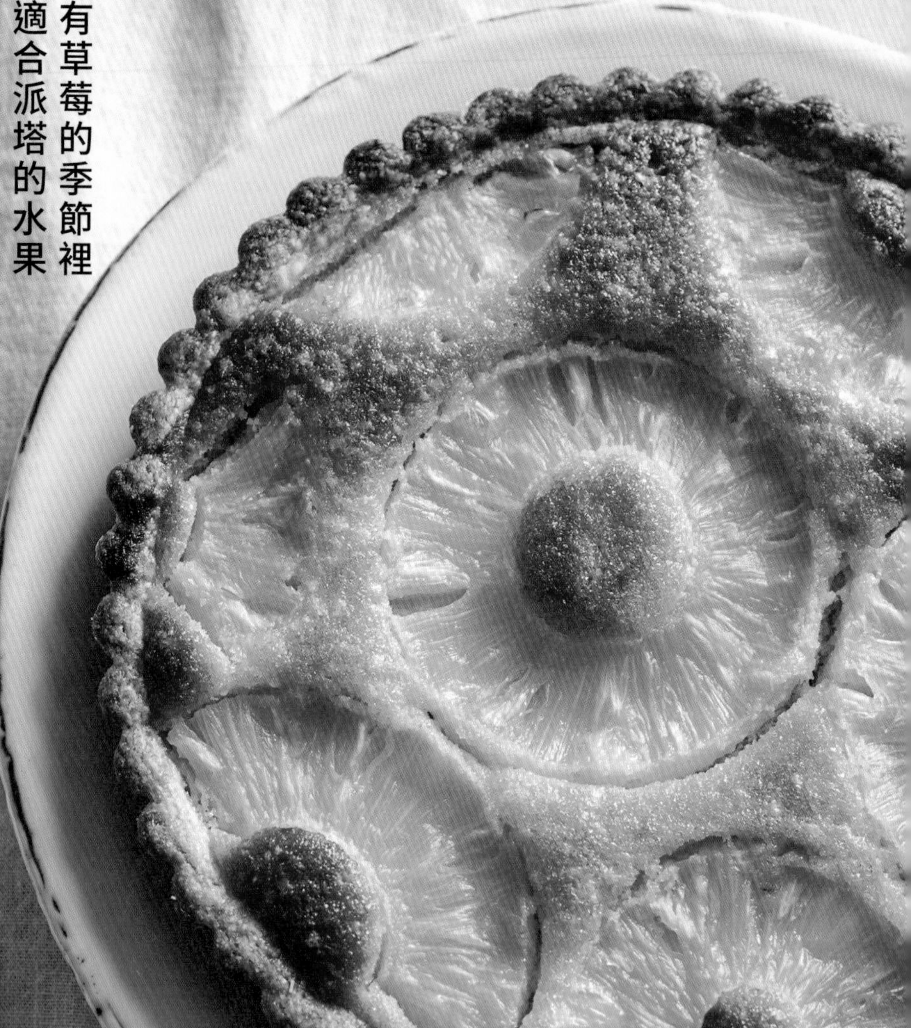

直到動手做我才發現，鳳梨居然這可以麼可愛！這款食譜只需要將罐頭鳳梨片排上去這麼簡單，但不管是外觀還是口味都是滿分。自從草莓在超市當中消失身影後，度過了許多個令人喪氣的季節，從前沒有留心到的鳳梨罐頭，現在似乎能受歡迎。在這款派塔於森家風行起來之前，得買些罐頭放著才行！

第 3 層

罐頭鳳梨

一口就讓口中充滿南國風情，恰到好處的酸味與杏仁奶油拌在一起。

第 2 層

基本杏仁奶油

有著柔和甜度又香氣十足的杏仁奶油。

第 1 層

基本派塔麵團

以直徑 18cm 馬口鐵模具烤好的派皮。

Tart Recipe

材料

- 基本派塔麵團
- 基本杏仁奶油
- 罐頭鳳梨…適量

製作方式

Step 1 將基本派塔麵團（第 20 頁）做到 Step 3 的透氣步驟後放入冷凍庫備用。

Step 2 製作基本杏仁奶油（第 22 頁），填入塔皮當中抹平表面。

Step 3 將鳳梨等距離排在杏仁奶油上，烤箱預熱至 190 度，烘烤 40 分鐘。刻意不塗抹果膠、展現出鳳梨的質感。

多汁果肉停不下來！

桃子派塔

使用果肉厚實而多汁的白桃，與黃桃罐頭做成的桃子派塔。口感絕佳的果肉不要切開，直接大膽放上去烤，大家肯定會被桃子甜蜜香氣和口感給俘虜，最後灑上薄荷做爲裝飾，讓人聯想到初夏的清爽派塔。

最後裝飾灑上一些薄荷。

華麗派塔剖面圖

第 3 層

白桃、黃桃罐頭

果肉厚實的桃子不要切開來，直接放上去。大口咬下，充分品嘗香氣與口感。

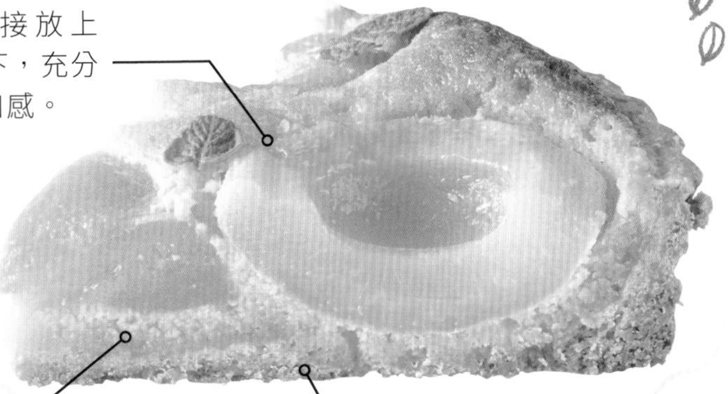

第 2 層

基本杏仁奶油

有著柔和甜度又香氣十足的杏仁奶油。

第 1 層

基本派塔麵團

以直徑 18cm 馬口鐵模具烤好的派皮。

Tart Recipe

材料

- 基本派塔麵團
- 基本杏仁奶油
- 白桃、黃桃罐頭…適量
- 薄荷…適量

製作方式

Step 1 將基本派塔麵團（第 20 頁）做到 Step 3 的透氣步驟後放入冷凍庫備用。

Step 2 製作基本杏仁奶油（第 22 頁），填入塔皮當中抹平表面。

Step 3 將桃子等距離排在杏仁奶油上，烤箱預熱至 190 度，烘烤 40 分鐘。用手將薄荷撕為小片灑上去便完成。

酥脆口感令人上癮

餅乾奶油派塔

添加了可可的派塔皮、混入可可粉的杏仁奶油，最後把巧克力餅乾弄碎混入奶油當中，也裝飾上去。從派皮到奶油都用到可可，感覺很像國外的點心，似乎會有些膩，但其實意外的不會太甜，非常清爽。那轉瞬化於口中的奶油與餅乾的口感，讓人不禁上癮，一下子就吃完了。

第 3 層

鮮奶油＋巧克力餅乾

將市售的巧克力餅乾弄碎後，加入奶油當中的餅乾鮮奶油。奶油周遭再放上更多餅乾。

第 2 層

基本杏仁奶油＋可可粉

將可可粉混入基本杏仁奶油當中，徹頭徹尾的可可。做成微苦口味。

第 1 層

基本派塔麵團＋可可粉

以直徑 18cm 馬口鐵模具烤好添加了可可粉的派皮。甜度較低，與大量奶油形成完美平衡。

Tart Recipe

材料

- 基本派塔麵團
  ＊將 100g 低筋麵粉中 10g 替換為可可粉
- 基本杏仁奶油
  ＊杏仁粉以外再多加 5g 可可粉
- 鮮奶油…100ml
- 市售巧克力餅乾…8 片
- 可可粉…適量

製作方式

Step 1　將 Step 1 中添加了可可粉的基本派塔麵團（第 20 頁），做到 Step 3 的透氣步驟後放入冷凍庫備用。在 Step 3 填入添加了可可粉的基本杏仁奶油（第 22 頁）。

Step 2　使用預熱至 190 度的烤箱烤 35 ～ 40 分鐘。將鮮奶油放入圓盆中，打到將近完全發好。將 3 片巧克力餅乾放入塑膠袋中打碎，加入圓盆當中以橡膠刮刀大致上攪拌一下。

Step 3　將餅乾奶油放在派塔上。剩下的餅乾弄成大塊碎片，裝飾在奶油周圍之後，在餅乾上灑可可粉便完成。

不使用派皮！

千層派塔

酥脆口感與奶油濃郁口味結合在一起，這就是千層派！不需要用到派皮，蘇打餅乾的鹹味剛剛好，搭配在一起肯定會吃上癮。草莓蒂頭刻意留著，非常可愛。

第 3 層

蘇打餅乾＋草莓

只要將市售的蘇打餅乾放上去，那酥脆的口感就像是派皮。草莓刻意留著蒂頭切成一半。

第 2 層

基本卡士達醬＋鮮奶油

大量的基本卡士達醬和鮮奶油。和蘇打餅乾的鹹度搭配在一起剛剛好。

第 1 層

基本派塔麵團

以直徑 18cm 馬口鐵模具烤好的派皮。

Tart Recipe

材料

- 基本派塔麵團
- 基本卡士達醬
- 鮮奶油…100ml
- 細砂糖…8g
- 蘇打餅乾（市售）…1/2 包
- 糖粉…適量
- 草莓…適量

製作方式

Step 1 將基本派塔麵團（第 20 頁）烤箱預熱至 190 度，烘烤派塔皮 20 ～ 25 分鐘。

Step 2 以攪拌器將基本卡士達醬（第 24 頁）重新打到滑順。拿另一個圓盆裝鮮奶油與細砂糖，打到發。。

Step 3 將卡士達醬填入派塔皮，然後放上鮮奶油。蘇打餅乾放進塑膠袋裡打碎以後灑在鮮奶油上，然後灑上糖粉，以切成一半的草莓裝飾好便完成。

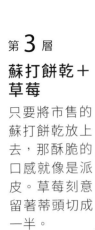

神奇的泡泡口感

米餅球派塔

大家知道日本香川名產米餅球嗎？那種圓滾滾的可愛形狀與那粉彩色緊抓住女孩兒們的心。當中尤其受到歡迎的方法，是把它拿來作爲妝點霜淇淋。這當然得要拿來用在派塔上吧！用米做成的米餅球與抹茶派皮最對味。再搭配牛奶霜淇淋風味的鮮奶油，眞是太對味了。

第 3 層

煉乳鮮奶油＋米餅球

添加煉乳的鮮奶油，有著彷彿牛奶霜淇淋的口味。米餅球的氣泡口感真是種嶄新的感覺。

第 2 層

基本杏仁奶油

有著柔和甜度又香氣十足的杏仁奶油。

第 1 層

基本派塔麵團＋抹茶

以直徑 14cm 馬口鐵模具烤好添加抹茶的派皮。米餅球溫和的甜味與抹茶很合。

Tart Recipe

材料

- 基本派塔麵團
  ＊將 100g 低筋麵粉中 10g 替換為抹茶粉
- 基本杏仁奶油
- 鮮奶油⋯00ml
- 煉乳⋯20g
- 抹茶粉⋯適量
- 米餅球⋯適量

製作方式

Step 1　將 Step 1 中添加了抹茶的基本派塔麵團（第 20 頁），做到 Step 3 的透氣步驟後放入冷凍庫備用。填入基本杏仁奶油（第 22 頁）至塔皮七分滿處，烤箱預熱至 190 度，烘烤 35 ～ 40 分鐘。

Step 2　將鮮奶油放入圓盆中，添加煉乳後以電動攪拌機打到發。填入裝了圓形擠花口的擠花袋中。

Step 3　將煉乳鮮奶油擠在派塔上做成漩渦圖樣，灑上抹茶粉並以米餅球裝飾後便完成。

Column

剩下來的材料也能盡情享用

活用麵團與奶油

剩下來的麵團和奶油等，也不會浪費！
可以活用來做早餐或甜點！

杏仁奶油抹在麵包上

沒用完的杏仁奶油抹在吐司麵包上，烤一烤就是杏仁吐司了。還請一定要嘗試這香氣十足、口味濃郁的關西早晨風味！

在家輕鬆做出咖啡廳口味。

1
2
3
4
麵團切小小塊烤，
做成餅乾
剩下來的麵團冷凍起來做成餅乾。這種麵團能夠輕鬆用手捏成形，因此也可以和小孩子一起製作，就像玩黏土一樣！烤的時間大概是使用預熱至 180°C 的烤箱烤 10 分鐘。

1. 鈕扣餅乾

將基本派塔麵團做成小小的圓形，以牙籤戳洞做成鈕扣樣子的餅乾。

2. 咖啡豆餅乾

以添加了可可粉的派塔麵團製作咖啡豆餅乾。

3. 葡萄乾三明治

使用基本派塔麵團製作的餅乾，夾起司奶油（第 42 頁）和葡萄乾。

4. 葉片餅乾

使用添加了抹茶的派塔麵團做出葉片形狀，以牙籤描繪出葉脈做成葉片餅乾。

Chapter

5

餐點款 鹹派塔

一個人在家休假，比平常還要晚起床，在客廳裡望著電視機。抬頭看時鐘，才發現已經過了中午。這種悠哉的日子，午餐就吃３不鹹派。哼著小曲揉麵團，砂糖少放一點，加入鹽巴和水。

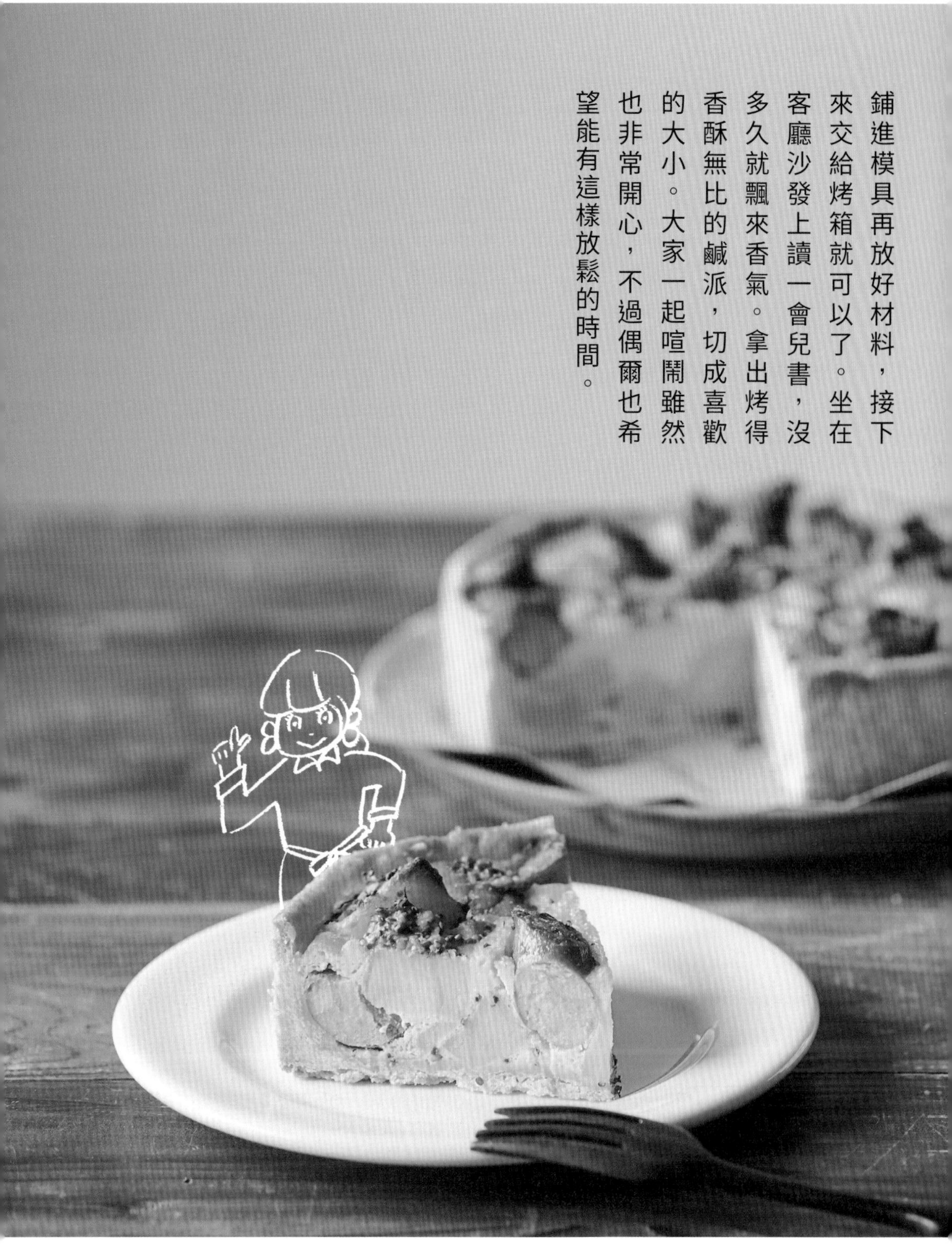

鋪進模具再放好材料，接下來交給烤箱就可以了。坐在客廳沙發上讀一會兒書，沒多久就飄來香氣。拿出烤得香酥無比的鹹派，切成喜歡的大小。大家一起喧鬧雖然也非常開心，不過偶爾也希望能有這樣放鬆的時間。

令人上癮的微辣芥末

德國馬鈴薯鹹派

不管是一個人想吃點東西，或者想和大家一起開開心心大吃，鹹派都能夠搭派上用場。當中德國馬鈴薯鹹派可是我最拿手的食譜。裡頭放了許多爽脆多汁的德國香腸與鬆軟馬鈴薯，滿足感也很夠味。以芥末粒帶出風味是我家的經典，但若要做給小孩子就放少一些。但香腸一定要用肉塊香腸，不可以用什麼普通香腸，還是小香腸。

華麗派塔剖面圖

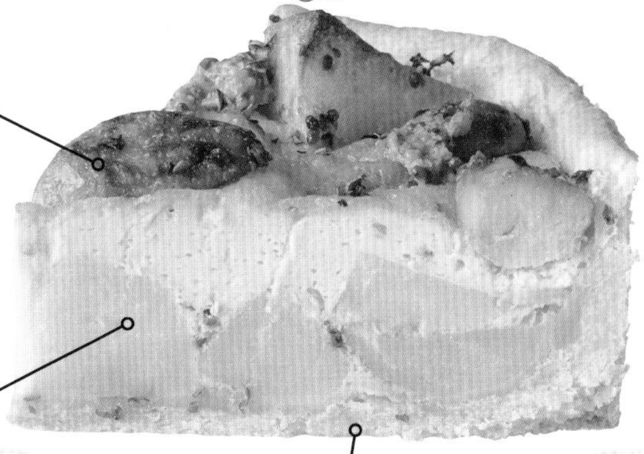

第 3 層

芥末粒＋巴西里

重點在微辣的芥末粒，再灑上巴西里增添色彩。

第 2 層

蛋汁＋馬鈴薯＋肉塊香腸

鬆軟的馬鈴薯吃起來非常有口感香腸一定要用肉塊香腸。

第 1 層

基本派塔麵團

以直徑 16cm、高 4cm 的紙模具製作添加水與鹽巴的基本派皮。

Tart Recipe

材料

- 基本派塔麵團
  ＊將細砂糖 10g 更換為 1 撮鹽巴並添加 1 小匙水
- 馬鈴薯…3 個
- 肉塊香腸…6 條
- 蛋汁
  - 雞蛋…1 個
  - 鮮奶油…80ml
  - 鹽…1/3 小匙
  - 胡椒…少許
- 沙拉油…1 小匙
- 大蒜…少許
- 芥末粒…1 大匙
- 美乃滋…2 大匙
- 巴西里…適量

製作方式

Step 1 將減少砂糖並添加水與鹽巴的基本派塔麵團（第 20 頁）鋪在 16cm 的紙模當中，做到 Step 3 的透氣步驟後放入冷凍庫備用。馬鈴薯去皮後切為一口大小，以保鮮膜包起，用 600w 的微波爐加熱 5 分鐘。

Step 2 香腸切為一半。將蛋汁材料全部混合在一起。油與大蒜放入平底鍋當中，爆香以後將香腸添加進去稍微拌炒一下。關火後將美乃滋與芥末粒放進去拌一下。

Step 3 將炒好的材料放入派皮當中，輕輕倒入蛋汁，再灑上一些芥末粒（不在食譜分量內）。放入預熱至 190 度的烤箱烤 40 分鐘左右，最後再灑上一些巴西里便完成。

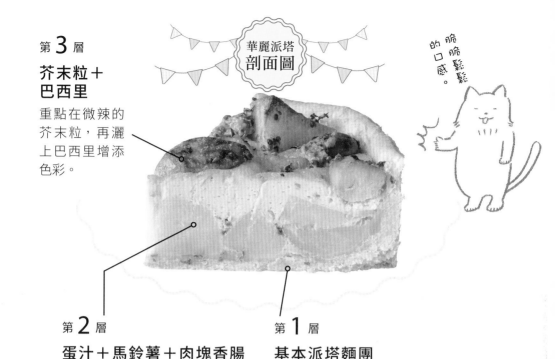

讓肚子暖起來

焗烤通心粉鹹派

冬季來臨總是讓人覺得想吃東西。看這熱騰騰的焗烤通心粉，白醬與彈力十足的蝦子搭檔，不管是小孩或者大人都雀躍不已。從烤箱取出以後，趕快趁熱享用。不過這款鹹派最厲害的就是涼掉了也好吃，對於怕燙的人來說也是很棒的料理。

華麗派塔
剖面圖

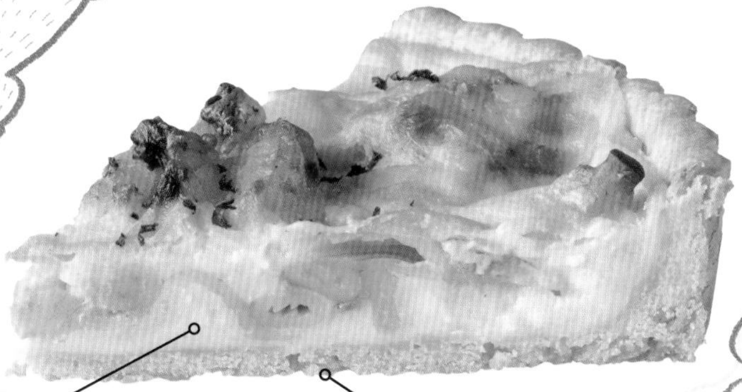

一入口莫名地感到溫暖。

第 2 層
蝦子焗烤通心粉
鹹派當中添加大家最愛的蝦子與通心粉。熱騰騰的當然很棒，但是放涼也很好吃。

第 1 層
基本派塔麵團
以直徑 16cm 的紙模具製作添加水與鹽巴的基本派皮。

Tart Recipe

材料
- 基本派塔麵團
  ＊將細砂糖 10g 更換為 1 撮鹽巴並添加 1 小匙水
- 蝦子…12 條
- 通心粉（快煮款）…30g
- 沙拉油…1 小匙
- 鹽與胡椒…少許
- 白醬
  - 白醬罐頭…半罐
  - 牛奶…100ml
  - 玉米粒…1 小匙
- 巴西里…適量

製作方式
Step 1 將減少砂糖並添加水與鹽巴的基本派塔麵團（第 20 頁）鋪在 16cm 的紙模當中，做到 Step 3 的透氣步驟後放入冷凍庫備用。剝掉蝦殼，切開背部去腸泥。先把通心粉煮好。

Step 2 平底鍋抹沙拉油加熱，放入蝦子以鹽巴及胡椒炒一下。蝦子轉紅以後就將所有白醬材料與通心粉放進去攪拌，煮滾以後關火。

Step 3 將 Step 2 的材料倒入派皮當中，使用預熱至 190 度的烤箱烤 40 分鐘。灑上巴西里便完成。

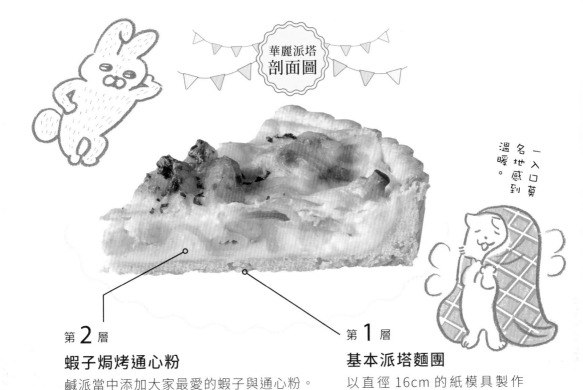

關西人的正宗口味！

大阪燒鹹派

拿到餐桌上的瞬間，立刻得到女兒一句「有必要弄成鹹派嗎？」。雖然大家會覺得做普通的大阪燒不就好了，但其實這可是個劃時代的大發明，因爲這樣只要單手就可以吃大阪燒！可以一邊看書、或一邊讀書，或者滑手機，隨時隨地都能輕鬆享用。這應該是關西人的夢想吧？

第 3 層

醬料＋紅薑＋海苔＋柴魚片

大量塗滿大阪燒不可或缺的醬料，然後放上那些配料，最後灑點海苔。

華麗派塔
剖面圖
都是粉類做的不可能會不對味啦！
TUNA
SABA

第 2 層

大阪燒

放了高麗菜、豬肉片、黑輪。豬肉片如果用鮪魚罐頭或鯖魚罐頭代替就更輕鬆。

第 1 層

基本派塔麵團

以直徑 18cm 馬口鐵模具製作添加了鹽巴與水的基本派皮。

Tart Recipe

材料

- 基本派塔麵團
  ＊將細砂糖 10g 更換為 1 撮鹽巴並添加 1 小匙水
- 高麗菜⋯3 ～ 4 片
- 豬肉片⋯100g
- 鹽與胡椒⋯少許
- 黑輪⋯2 條
- 紅薑⋯適量
- 醬料、海苔、柴魚片⋯適量
- 蛋汁
  - 雞蛋⋯2 個
  - 鮮奶油⋯50g
  - 柴魚粉⋯1/2 小匙

製作方式

Step 1 將減少砂糖並添加水與鹽巴的基本派塔麵團（第 20 頁）做到 Step 3 的透氣步驟後放入冷凍庫備用。高麗菜稍微切一切。

Step 2 在平底鍋中抹沙拉油，放入豬肉片及鹽巴、胡椒拌炒。黑輪切成 5mm 厚。將蛋汁材料全部混合在一起。

Step 3 把高麗菜、豬肉片、黑輪放入派皮當中，倒入蛋汁。灑上紅薑，使用預熱至 190 度的烤箱烤 40 分鐘左右。最後塗上醬汁，灑上柴魚片、海苔便完成。

香濃起司！

起司火鍋鹹派

爲什麼人類會如此受到濃稠滑順的起司吸引呢？這款鹹派只要一上桌，總是能聽見男女老少的歡呼聲，屢試不爽。享用以前倒入起司醬再下刀，起司便會流下，不過要拍照的話手腳得快些，切開以後就會變型了。

Tart Recipe

材料

- 基本派塔麵團
  ＊將細砂糖 10g 更換為 1 撮鹽巴並添加 1 小匙水
- 絞肉…100g
- 調味料
  - 砂糖、酒、醬油…各 1 大匙
  - 咖哩粉…1/2 小匙
- 起司醬
  - 披薩用起司…150g
  - 低筋麵粉…1 又 1/2 大匙
  - 牛奶…150ml
- 巴西里…適量

製作方式

Step 1 將減少砂糖並添加水與鹽巴的基本派塔麵團（第 20 頁）鋪在 16cm 的紙模當中，將派皮放入預熱至 190 度的烤箱烤 20 ～ 25 分鐘。在平底鍋中抹沙拉油，放入絞肉拌炒至變色。多餘的脂肪用廚房紙巾拭去後加熱調味料拌勻。

Step 2 將炒過的絞肉放入派皮當中。將披薩用起司放入鍋子或平底鍋中，與低筋麵粉拌在一起。添加牛奶後以中火加熱攪拌直到材料融化在一起並變得滑順。

Step 3 將起司醬倒入放有絞肉的派皮當中，最後灑點巴西里便完成。

第 1 層
基本派塔麵團
以直徑 16cm 的紙模具製作添加水與鹽巴的基本派皮。
第 3 層
起司醬
享用以前再將起司醬倒入，下刀的時候流下的樣子能引起歡呼聲！
第 2 層
絞肉
炒得甜甜辣辣又帶有口感的絞肉。添加咖哩的風味，無論大人小孩都會喜歡。

3種番茄配色超時髦！

五彩繽紛小番茄鹹派

這款放滿五彩繽紛小番茄的鹹派，非常時髦。裡頭的奶油起司那溫和的酸味，與培根的美味也發揮不少功效。除了加熱當早餐或午餐以外，就算是涼掉了也與紅酒非常對味。星期五晚上做完家事，一邊看電影，邊配紅酒及鹹派吧！

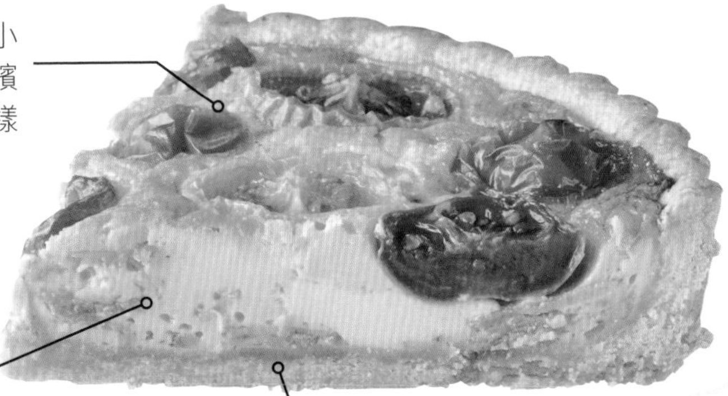

第 3 層

小番茄

綠色、黃色、紅色共 3 種小番茄。五彩繽紛的圓點圖樣很可愛。

第 2 層

蛋汁＋培根＋奶油起司

溫和的奶油起司與培根的口味，和番茄的酸味超對味！

第 1 層

基本派塔麵團

以直徑 18cm 馬口鐵模具製作添加了鹽巴與水的基本派皮。

Tart Recipe

材料

- 基本派塔麵團
  ＊將細砂糖 10g 更換為 1 撮鹽巴並添加 1 小匙水
- 培根…80g
- 小番茄…適量
- 奶油起司…30g
- 蛋汁
  - 雞蛋…1 個
  - 鮮奶油…80ml
  - 鹽…1/3 小匙
  - 胡椒…少許

製作方式

Step 1 將減少砂糖並添加水與鹽巴的基本派塔麵團（第 20 頁）做到 Step 3 的透氣步驟後放入冷凍庫備用。

Step 2 培根切成寬 2cm 小片後用平底鍋炒一炒。小番茄對半切好。將蛋汁材料全部混合在一起。

Step 3 將炒好的培根鋪在派皮底層，手撕奶油起司等距離排好。輕輕倒入蛋汁後擺上小番茄，使用預熱至 190 度的烤箱確實烤 40 分鐘左右便完成。

韓流風味的鹹派！

起司辣炒雞肉鹹派

IG上各種珍珠甜點的美麗照片，以及其他各式各樣的風潮，我都要跟隨一下，因此當然也不會放過這股韓流。應用起司火鍋鹹派稍加修改一下，就能夠做成起司辣炒雞肉鹹派。以苦椒醬調味而帶有些許辛辣的辣炒雞肉，與溫和的起司醬，實在超級對味。大人就搭配冰涼的啤酒享用！

第 3 層

起司醬

享用以前倒入！起司醬能讓帶著些許辣度的辣炒雞肉，口味變得溫和。

第 2 層

蛋汁＋辣炒雞肉

韓國料理辣炒雞肉。雞肉加上大量蔬菜，吃起來超有分量！當然也和啤酒很搭。

第 1 層

基本派塔麵團

以直徑 18cm 馬口鐵模具製作，添加了鹽巴與水。

Tart Recipe

材料

- 基本派塔麵團
  ＊將細砂糖 10g 更換為 1 撮鹽巴並添加 1 小匙水
- 高麗菜…4片左右
- 調味料
  - 苦椒醬…2 小匙
  - 砂糖、味醂、醬油…各 1 小匙
- 蛋汁
  - 雞蛋…1 個
  - 鮮奶油…30ml
  - 鹽與胡椒…少許
- 起司醬
  - 披薩用起司…30g
  - 低筋麵粉…1/2 小匙
  - 牛奶…30g
- 雞腿肉…1 片
- 紅蘿蔔…1/2 個
- 洋蔥…1/4 個
- 鴻喜菇…1/2 顆

製作方式

Step 1 將減少砂糖並添加水與鹽巴的基本派塔麵團（第 20 頁）做到 Step 3 的透氣步驟後放入冷凍庫備用。將切成一口大小的雞肉與蔬菜炒好之後，與調味料拌在一起。

Step 2 將蛋汁材料全部混合在一起。將炒好的雞肉與蔬菜放進派皮裡，中間留一個空洞。輕輕倒入蛋汁，使用預熱至 190 度的烤箱烤 40 分鐘左右。

Step 3 將披薩用起司放入小鍋內，與低筋麵粉拌在一起。添加牛奶後加熱攪拌直到材料融化在一起並變得滑順。將起司醬倒入烤好的派皮當中便完成。

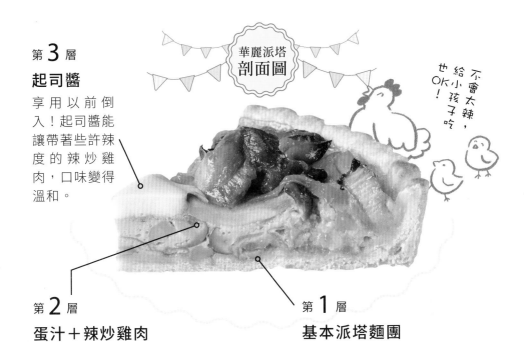

Column

搭配事前做好的小菜

鹹派套餐

鹹派如果只剩下一片，建議大家可以搭配事前做好的小菜做成套餐，看起來時髦又能提升滿足感。

營養午餐風格
鹹派套餐

搭配顏色豐富的紫色高麗菜與紅蘿蔔絲，再加上南瓜沙拉做成鹹派套餐。盛裝在復古的鋁盤上，再放瓶牛奶，就是令人開心的營養午餐風格餐點。

多出來的鹹派做成好吃的午餐。

牛乳
MILK
180ml
要冷藏
10℃以下

輕鬆打造單盤餐點

如果都放在同一個盤子上，除了看起來時髦以外，之後收拾起來也比較輕鬆。選一個能夠凸顯出小菜和鹹派的簡單設計盤子吧！

某一天午後。
放鬆……
媽啊啊啊！
嚇一跳
真是的～怎麼了？
你看你看！
噹噹～
熊熊雪屋派塔！
……這好像哪裡怪怪的耶？
好像有點詭異。
不會吧～很可愛呀！這樣很棒啦！
你覺得好就好啦。
話說回來，

你這也做太多了吧？
沒關係、沒關係。
哼哼～♪
應該差不多了吧。
差不多？什麼差不多？
叮咚～
來了。
咦？
咦咦～～
打擾了～！
咚 咚咚 咚 咚 咚 咚
因為太簡單又好吃，所以我想說叫大家一起來吃嘛。
呆滞
嘿嘿
好啦，媽你也別發呆了，一起來吃吧～
那我就不客氣啦。
開動～!!!!
華麗派塔

懷抱感恩之心

玫瑰花束奶油派塔

在家人皆已熟睡寧靜的深夜，從廚房傳出電動攪拌器的聲音。由於照顧孩子而沒有閒暇時間，唯一能夠讓我感到放鬆的，就是做甜點的時刻。

一邊看著點心食譜的書籍，在每個深夜不斷做下去之後得到的結論，就是「隨興一點的食譜做出來也不會差太多！」之後我就不太在意科學根據還是理論，完全憑藉自己的舌頭嘗試，成果就是想出「華麗派塔」。

爲了抒發壓力而開始製作點心，不知何時已經轉變爲，想見到吃的人展露喜悅表情，還有教別人食譜時，他們滿臉笑容的對我說「謝謝」。

請你也試著爲了自己，或者爲了某個人，動手做「華麗派塔」吧！改成自己喜歡的配方，若是好吃的話還請偷偷告訴我食譜。

最後懷抱著感謝之心，獻上玫瑰花束奶油派塔給閱讀到此處的各位，以及一直非常支持我的媽媽。

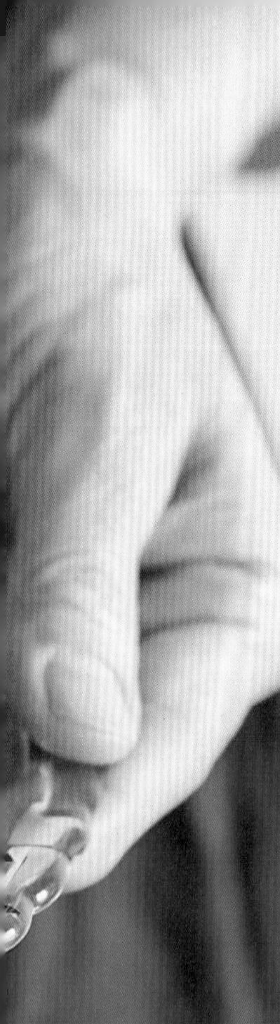

這個做起來也是超簡單的！

Tart Recipe

材料

- 基本派塔麵團
  ＊將 100g 低筋麵粉中 10g 替換為可可粉
- 基本杏仁奶油
- 鮮奶油…100ml
- 細砂糖…8g
- 紅色食用色素…適量
- 基本卡士達醬
- 覆盆子片…適量

製作方式

Step 1 將 Step 1 中添加了可可粉的基本派塔麵團（第 20 頁）鋪在紙模當中，做到 Step 3 的透氣步驟後放入冷凍庫備用。填入基本杏仁奶油（第 22 頁）至塔皮七分滿處，將烤箱預熱至 190 度，烤 35 ～ 40 分鐘。

Step 2 將鮮奶油放入圓盆中，加入細砂糖、紅色食用色素，打到快要完全發好。將基本卡士達醬（第 24 頁）放入另一個圓盆中，重新打到滑順。

Step 3 將基本卡士達醬堆在派塔上做成一個巨蛋型。將 Step2 的鮮奶油裝進有星型口的擠花袋中，從巨蛋卡士達醬的下層開始以畫圓的方式擠出來，最後灑上覆盆子片便完成。

後記

派塔拍照擺盤技巧

華麗派塔除了簡單做就能很好吃以外，最特別的點，是做出來的樣子不像是初學者的作品。既然都做得這麼可愛了，當然是希望大家都能看到，然後有很多人按讚按愛心。以下介紹能夠將派塔的華麗

都呈現出來的搭配方式，以及拍攝照片的訣竅！開心製作，拍得可愛，盡量上傳到社群網站吧！到時候別忘了加上「#華麗派塔」的標籤喔。

#運氣好的話

#說不定會流行起來

#太貪心了吧

能夠獲得按讚的

擺盤的訣竅

擺盤只需要記得幾個訣竅，就能夠看起來非常不錯！
以下介紹一些非常方便的物品，以及搭配起來很有品味的組合。

Theme

清爽風格

白色派塔和綜合水果派塔適合這種風格。為了給人口味清爽的感覺，搭配的小物品統一為藍色調。

Item

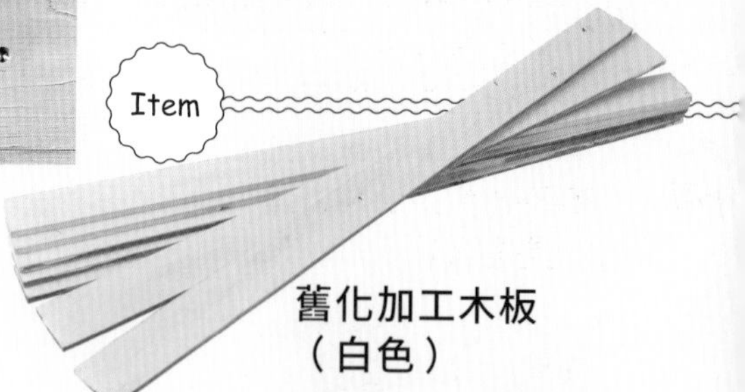

舊化加工木板（白色）

在 DIY 工具店家購買已經裁切好的塗裝木材。舊化感可以給人復古感受。

時髦的玻璃瓶

可以當餐具，也可以搭配綠色植物，是萬能的工具。也可以使用果醬空瓶。

五彩繽紛餐盤組

如果有各種顏色的盤子，擺盤的時候也比較好規劃，光是疊起來放著就像一幅畫。

Theme

溫暖風格

烘焙派塔或者鹹派適合使用這種搭配。顏色就搭配暖色系，選擇質感上比較柔和的小物品！

Item

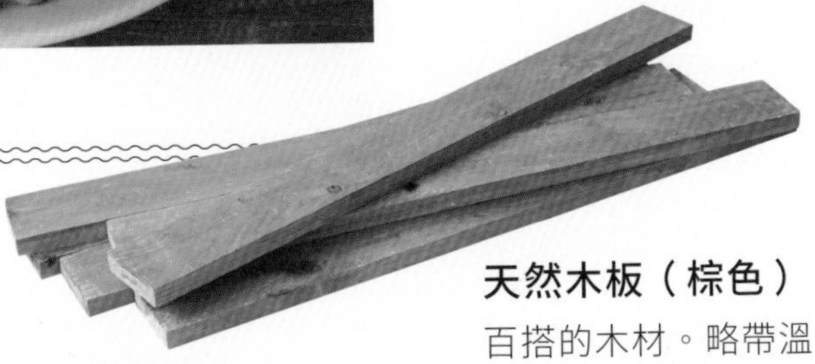

不同顏色的對杯

杯子也是表現季節感的重要要素。馬克杯會給人冬天的印象。不同顏色的對杯會讓人覺得可愛。

天然木板（棕色）

百搭的木材。略帶溫度的棕色，木紋也給人感覺很棒。

簡單餐具

餐具選擇木製且款式簡單的。可挑選和背景不同的色調。

迷你咖啡廳看板

只需要放在背景，就能給人一種咖啡廳氛圍，我非常喜歡。

隱約可見綠色植物

小小的觀葉植物是非常棒的物品。只要稍微讓一些綠色入鏡，就會覺得顏色繽紛。

如何才能拍起來很好吃？

拍攝方式 Q&A

擺盤擺得美美的以後要開始拍照。我也是攝影初學者，
不知不覺間找到一些方法，能夠拍起來還不錯！

Question 1 **用什麼來拍照？**

看你的ＩＧ總覺得照片都好漂亮，是用什麼拍的呢？

Answer **我用無反光鏡單眼相機拍。**

除了有圖樣的吐司以外的照片都是用無反光鏡單眼相機！雖然用智慧型手機拍也很漂亮，但還是相機拍起來比較棒。而且也可以用機背的螢幕一邊確認拍起來的樣子，我很喜歡這點。

Question 2 **相機要怎麼設定？**

我有兩台相機，但總是搞不懂應該怎麼設定，所以沒辦法拍出想拍的東西。你都是怎麼設定來拍照的呢？

Answer **我只用自動模式然後按快門。**

再怎麼說我也是初學者。說老實話，我都用自動模式，把詳細設定交給相機。拍完以後我會使用ＩＧ的功能來把亮度和顏色調整成自己喜歡的樣子再投稿。

Question 3 **拍起來在 SNS 上好看的訣竅是？**

雖然明白擺盤的訣竅，但為了上傳到 SNS，在攝影的時候有沒有下其他功夫呢？

Answer **我把影像比例設定為 1:1。**

把相機的「長寬比」設定為「1:1」，直接拍成正方形。正方形的照片會給人一種可愛的印象，又比較容易把攝影要素整合在一起，總覺得會是給人印象比較強烈的照片。

看起來有品味！

構圖的祕訣

「構圖」也是拍照時的要點。
只要改變角度和拍攝範圍，就會給人完全不同的印象。

estyle1010

Point 1

以享用者的視線為主

拍照的方式有從正上方拍、特寫等等各式各樣，考量的是以享用者的視線觀看，重視臨場感的方式來拍攝。

Point 2

擺放方式為「三角形」

最主要切好的派塔放在靠手邊，並且將其他東西也擺放成「三角形」，這樣照片就會有景深。

Point 3

刻意不要全部都拍進來

重要的派塔要完整拍到，但是書本或餐具等小物品刻意切掉。這樣一來照片就會讓人覺得有寬闊感。

攝影技巧更上一層樓！

用智慧型手
機也能拍得
很漂亮！

使用迷你反光板！

拍照的時候建議使用自然光拍攝。將白色厚紙板折起來，做成迷你反光板拿來反射光線，就能讓照片整體變得明亮！

基本派塔麵團＋其他食材

基本派塔麵團＋基本杏仁奶油＋其他食材

基本派塔麵團（應用）＋其他食材

基本派塔麵團＋基本杏仁奶油＋基本卡士達醬＋其他食材

基本派塔麵團＋基本卡士達醬＋其他食材

生活樹　生活樹系列 092

3不法則×3層結構！華麗派塔

掌握美味配方，創新三層口感，43 款超吸睛美味派塔

3 ナイタルト：粉ふるわナイ！生地寝かさナイ！麺棒使わナイ！

作　　者	森 映子
譯　　者	黃詩婷
總 編 輯	何玉美
主　　編	紀欣怡
責任編輯	盧欣平
封面設計	張天薪
版型設計	葉若蒂
內文排版	許貴華
日本製作團隊	原著・造型設計　森 映子
	設計　中村 妙（文京図案室）
	插圖　曽根 愛
	攝影　岡森 大輔
	編輯　伊澤 美花（MOSH books）
	伊藤 彩野（MOSH books）
	畑 乃里繁（マイナビ出版）
	料理助理　藤田 淑美
	轟 直美
	攝影協助　hoccorito 501

出版發行	采實文化事業股份有限公司
行銷企畫	陳佩宜・黃于庭・黃安汝・蔡雨庭・陳豫萱
業務發行	張世明・林踏欣・林坤蓉・王貞玉・張惠屏・吳冠瑩
國際版權	王俐雯・林冠妤
印務採購	曾玉霞
會計行政	王雅蕙・李韶婉・簡佩鈺
法律顧問	第一國際法律事務所　余淑杏律師
電子信箱	acme@acmebook.com.tw
采實官網	www.acmebook.com.tw
采實臉書	http://www.facebook.com/acmebook01

I S B N	978-986-507-572-9
定　　價	330 元
初版一刷	2021 年 11 月
劃撥帳號	50148859
劃撥戶名	采實文化事業股份有限公司
	10457 台北市中山區南京東路二段 95 號 9 樓
	電話：（02）2511-9798　　傳真：（02）2571-3298

國家圖書館出版品預行編目資料

3 不法則 ×3 層結構！華麗派塔：掌握美味
配方，創新三層口感，43 款超吸睛美味派塔
/ 森映子著；黃詩婷譯 . -- 初版 . -- 臺北市：采
實文化事業股份有限公司，2021.11
128 面；17x23cm. -- （生活樹；92）
譯自：3 ナイタルト：粉ふるわナイ！生地 か
さナイ！棒使わナイ！
ISBN 978-986-507-572-9（平裝）
1. 點心食譜
427.16　　　　　　　　　　110015611

KONA FURUWANAI! KIJI NEKASANAI! MENBO
TSUKAWANAI! 3NAI
TART by Eiko Mori
Copyright © 2019 Eiko Mori
All rights reserved.
Original Japanese edition published by Mynavi Publishing Corporation
Traditional Chinese edition copyright ©2021 by ACME Publishing Co.,
Ltd.
This Traditional Chinese edition is published by arrangement with Mynavi
Publishing Corporation, Tokyo in care of Tuttle-Mori Agency, Inc., Tokyo
through Keio Cultural Enterprise Co., Ltd., New Taipei City.